跟**陈士渠**学自我保护

陈士渠 ◎ 著

北京出版集团公司

北京少年儿童出版社

图书在版编目（CIP）数据

跟陈士渠学自我保护 ／ 陈士渠著. — 北京：北京
少年儿童出版社，2018.1
ISBN 978-7-5301-5021-4

Ⅰ. ①跟… Ⅱ. ①陈… Ⅲ. ①安全教育—少儿读物
Ⅳ. ①X956-49

中国版本图书馆CIP数据核字(2016)第303496号

跟陈士渠学自我保护
GEN CHEN SHIQU XUE ZIWO BAOHU
陈士渠　著
＊
北 京 出 版 集 团 公 司
北 京 少 年 儿 童 出 版 社　出版

（北京北三环中路6号）
邮政编码：100120

网址：ｗｗｗ．ｂｐｈ．ｃｏｍ．ｃｎ
北 京 出 版 集 团 公 司 总 发 行
新 华 书 店 经 销
北京时尚印佳彩色印刷有限公司印刷
＊
787毫米×1092毫米　16开本　13.25印张　180千字
2018年1月第1版　2018年1月第1次印刷
ISBN 978-7-5301-5021-4
定价：39.80元
如有印装质量问题，由本社负责调换
质量监督电话：010-58572393

扫码加入读者圈，
与万千读者互动交流

前言

学会自我保护，拥抱和谐社会

相信每一位父母都希望孩子健康、快乐地成长，然而父母给予孩子的关爱是有限的，唯有孩子学会自我保护才是万全之策。

《等着我》栏目自2014年开播以来，接到了无数份寻亲的委托，其中多数是父母的安全意识不够或对孩子的安全教育不足而造成的骨肉分离的悲剧。在平静的日子里，我们总觉得那些意外很遥远，而这种安全意识的淡薄，正是每一个意外的因由。世间千千万万事，万万千千人，不在其身，不于其境，不知其道。我们要让孩子了解世界的真相：有爱有恨，有善有恶，要想拥抱和谐社会，首先要学会自我保护。

《跟陈士渠学自我保护》以家居生活、校园生活、社会生活、网络安全、突发情况、自然灾害等几个方面入手，通过常见的案例、精准的案例分析、实用的贴士和方法，告诉青少年在日常生活中如何防范、应对各种潜在的危险，从而使青少年在不幸置身险境的情况下，依然能够沉着冷静地应对、机智地化解，从而转危为安。

本书不只是一部安全宝典，还是一本成长手册，拥有它，学习它，掌握它，孩子才能拥有更健康、更幸福的生活！

——中央电视台《等着我》栏目组

传递温暖　守护平安

　　我和本书作者陈士渠同志相识多年，我们都致力于中国的儿童保护事业。他负责打拐反拐工作以后，带着保护儿童权益的强烈使命感，推动了中国打拐反拐工作历史性的发展。

　　陈士渠同志是一名法学博士，1998年于中国政法大学研究生院毕业后到公安部刑侦局工作、担任多年公安部打拐办主任，曾获第一届中央国家机关青年五四奖章标兵、全国特级优秀人民警察、全国十大法治人物、全国维护妇女儿童权益先进个人等荣誉称号。

　　陈士渠同志在公安部具体负责全国打拐反拐工作，他不仅推动了相关法律政策的完善，也指挥侦办了大量具体案件，在未成年人保护方面积累了丰富的经验。在生活中，他是一位父亲，有一位正在上中学的儿子。出于对本职工作的热爱，特别是对孩子的关心，多年来，他一直在不断思考、探索未成年人教育与保护的科学方式。

《跟陈士渠学自我保护》正是陈士渠同志在未成年人教育、保护方式方法问题上的经验总结，他在繁忙的工作之余，把这些经验方法写成一本书，与所有孩子们及其家长分享，也是对我国未成年人保护事业的具体贡献。

　　这本书以生动丰富的案例，配上易于为未成年人和家长理解记忆的经验方法，以未成年人的三个主要成长环境即家庭、学校、社会为背景，围绕未成年人教育、保护方面的一些小话题，既包括防盗、防骗、早恋等传统问题，也包括毒品、上网等新型问题，向孩子们传授了自我保护、远离违法犯罪的法律和生活常识。

　　本书作者在写作时，充分考虑了未成年人的身心特点，在提出紧急事件的处理建议时，不仅充分考虑到学生的年龄特征，也非常具有针对性。这本书以真实生动的案例，告诉孩子们在遭遇危险与突发事件情况时，如何恰当地应对，寻求最合适的方式，最有效地进行自我保护。

　　本书还包含了一部分青少年心理健康意识与自我心理保护的内容，指导青少年学习一些心理健康的知识，指导他们如何进行自我心理保护，使他们懂得当心理困惑时，要积极寻求心理帮助。我非常愿意推荐这本书。在某种程度上，这本书是独一无二的，希望对孩子们及其家长有益。

中共十八大代表

全国十大法治人物

北京青少年法律援助与研究中心主任　佟丽华

目录

第1章 校园生活

第2章 社会生活

第5章 出行安全

第6章 突发情况

第7章 自然灾害

第1章
校园生活

遭遇校园欺凌
该怎么办？

 **事件回放**

● 暴力

2015年5月11日晚9时许，在老师结束当晚的查寝后，小嘉的噩梦开始了。她先被小杨、小闵2名女生带去了另一个宿舍，被强制化上丑妆，又被迫翻白眼、比剪刀手，并被拍摄丑照。其后，4名女生对小嘉实施了扇耳光、打手臂、逼其吸烟、浇冷水、罚跪等多种折磨。

事后，小嘉回忆，事情的导火索是一女同学借了自己的课本迟迟不还，自己多次讨要未果后请求老师帮助，引起该女生不满。在这之后，自己向男同学的"吐槽"短信又被意外泄露，该女生和其朋友知道后，决定要找自己"算账"。

虽然小嘉在被打的时候，一直在道歉，但换来的是更重的殴打。事后，施暴者担心老师和同学看到她身上的伤，不准她去上课，她不敢不听，便请了病假，晚上老师来查寝时，她也被要求躲避。直到5月13日，父母来校接她回家，她才开口说起被打的经过。

在对事实进行调查后，学院在5月20日贴出处分公告：5名施暴女生，1人被开除学籍，2人被留校察看一年，2人被记大过。

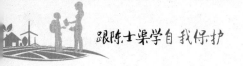

● **孤立**

燕子是一名初二的学生，但她越来越不想去上学，更不愿意见到班上的同学。燕子在班上的学号是38号，加上自己黑黑瘦瘦的，脸上还有一块胎记，所以经常被班上的男生嘲笑。他们还总是在背后叫她"三八"，有时看见她来了就故意站很远，大声起哄，甚至故意把男生往她身上推，以作为对那个男生的惩罚。就这样，燕子变得很不喜欢和同学交流，每回在教室都是头低低的。

后来一件事情的发生让燕子的情况变得更加不好。有一回，她戴上一个自己非常喜欢的头饰上学，非常巧合的是，他们班的班花当天也戴了个一样的。班上那群男生起哄的声音更大了，说"'三八'以为自己是西施，谁知道原来是东施，哈哈哈哈……"

曾经有个同学试图成为燕子的朋友，却被其他同学讽刺是借燕子的丑来衬托自己的美，假装好心人，这个同学经受不住其他人的嘲讽，也与燕子渐渐疏远。有了这个前车之鉴，再也没有人跟燕子做朋友。所以燕子总是一个人，一个人成为全班的笑话。

● **抢劫**

2016年6月3日，十里中学学生小辉偷走自家借记卡（卡内金额14600元），与同班同学小亮在自动取款机上先后取走3600元挥霍。后小亮趁小辉不备又将借记卡盗走，伙同十里中学学生小何、小蕊，3人将借记卡上11000元现金分多次取走后挥霍。

几个学生身上有钱的事传出后，社会青年张某、颜某等人获知便起了歹心，先后4次将小亮等4名学生在十里镇张家沟、洮河边等处用殴打、将手脚捆绑住扔下洮河等威胁、恐吓方式强行要去3900元。6月23日，十里镇派出所民警掌握到颜某、张某在家的信息后快速出击，将2人在其家中抓获.经讯问，颜某、张某对伙同他人多次抢劫财物的犯罪事实供认不讳。同时，经依法传唤讯问，小辉、小亮对盗窃借记卡、窃取卡内现金的犯罪事实供认不讳。

事件分析

不少中小学生被抢劫、欺负、受威胁后往往会忍气吞声，不敢告诉老师和家长，也不敢报案，他们认为这次自己让对方"满足"，下一次对方就可能不再找麻烦了。但实际上不法分子一旦尝到了甜头往往是紧追不放，你越怕他，他就越欺负你。正确的做法是，在遭遇校园欺凌后，及时告知老师和家长或者报警阻止对方不良行为的继续实施。

有的学生看到同学被欺负或被索要钱物等其他欺凌行为，不是赶紧把这件事情向老师或者家长反映，而是劝被欺负的同学屈从，以免日后再有麻烦。这样的做法，既坑害了被欺负的同学，又助长了恶势力的蔓延。正确的做法是，帮助同学将相关情况及时通报给老师与家长，在必要时可帮助同学报警。

校园欺凌在全球是一个普遍现象。据估计，每年全球有2.46亿儿童遭受校园欺凌和暴力，大约占所有在校中小学生的20%。2016年，联合国秘书长关于儿童暴力的特别代表，针对全球18个国家的10万名儿童的民意测验显示，2/3的儿童曾遭受欺凌。

中国青少年研究中心一项针对10个省市5864名中小学生的调查显示，32.5%的人偶尔被欺负，6.1%的人经常被高年级同学欺负。而法制网舆情监测中心的数据显示，在2015年1月至5月媒体曝光的40起校园暴力事件中，75%的校园暴力事件发生在中学生之间，其中初中生更易成为发生校园暴力的群体，比例高达42.5%，高中生次之，占比32.5%。大学生、职校生、小学生分别占比15%、7.5%、2.5%。

此外，同性别之间发生暴力冲突的情况较多，男生之间的暴力和女生之间的暴力

占比总计85%，其中女生之间的暴力行为占比达32.5%。另外，有报告显示，与男生之间"硬碰硬"的冲突方式不同，女生之间的暴力多表现为侮辱性、逼迫性行为，对被施暴方造成的心理创伤异常突出。

谈到校园暴力事件的起因，法制网舆情监测中心的结果显示，"日常摩擦"为起因的校园暴力事件居首，占比55%；"钱财纠纷"次之，占比17.5%；"情感纠葛"居第三位，占比15%；另有7.5%的暴力事件是由"偏激心理"引发，带有很强的青春期特征。例如之前曾发生一起初中生以别人"长得丑"为由打同学的事件。还有一个调查，某机构对12所中学进行了1000多个样本的调查，他们把欺凌归纳为三类：第一类身体冲撞，第二类语言类（如起绰号），第三类是关系类（被孤立排斥等）。调查结果显示，21%的学生有被语言欺凌的经历，身体欺凌占29%，关系欺凌占6.7%。他们得出的基本事实判断是：小学生比中学生更容易被欺凌，普通学校比优质学校更容易发生校园欺凌，流动人口学生比本地学生更容易被欺凌，父母离婚家庭的孩子更容易受欺凌。

中华女子学院发布的《初中生校园欺凌现象研究》显示，遭遇欺凌后，不曾选择求助的学生占比近五成(48.9%)。52.6%的学生认为，遭遇欺凌而不报告的主要原因是"怕丢脸面，在同学中抬不起头"。青少年时期，自尊心的维护感非常强烈，加上思想不成熟，成人并不在意的事情，青少年可能非常在意，这一定程度上使得他们在需要外界援助的时候，迫于"面子"而选择默默忍受。

校园欺凌行为对学生身心健康伤害非常大，不仅会对"受伤者"造成伤害，而且会对"欺凌者"和"旁观者"同样造成伤害。受欺凌者所受的伤害显而易见，而欺凌者因为长期欺负别人，往往会形成以自我为中心的霸气和狂妄自大的戾气，从此人格扭曲，德行全失。他们缺少的是获得成就感的机会、处理负面情绪的能力，有的还缺少同情心。旁观者不但会因为帮不到受害者感到内疚，面对欺凌者也会产生不安、恐惧心理。

 **事件预防**

　　遇到欺凌行为，一定要沉着冷静，采取迂回战术，尽可能拖延时间。当在公共场合受到一群人胁迫的时候，应该采取向路人呼救求助的方法。被施暴后，不要沉默，不要害怕报复，及时告诉父母，及时报警，通知学校，遭到严重的暴力行为应以法律方式来维护自身权益，以让欺凌者受到相应的惩罚和训诫。

　　遇到抢劫怎么办

　　1. 假意服从。同学们遇到抢劫，首先要镇定下来，不要慌张。如果对方人多、力量强大，不要与之正面冲突，先假装同意他们的要求，避免受到暴力伤害。

　　2. 有意回避。如果犯罪分子问你的家庭住址，尽量不要说；他们让你带他们回家拿钱，你就说家里有大人，以此让他们放弃跟你回家的念头。

　　3. 严词拒绝。如果你和你的同学与对方力量相当，要拿出勇气来，对于他们的不合理要求严词拒绝。畏惧妥协只会使对方一而再、再而三地勒索。在与对方的周旋中，你要观察周围的地形、来往的行人，以便呼救和逃脱。

　　4. 设法拖延。如果对方强迫你跟他们走，要想各种办法拖延，找机会脱身。

　　5. 及时报警。记住抢劫者的相貌、衣着特征等，以便事后打电话报警。

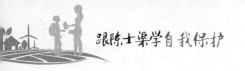

被欺凌不是你的错

在校园里被嘲笑、被排挤并不代表你就真的一无是处、招人讨厌，也不代表你无法在以后的生活中走向成功。有一些名人也曾在年少时遭受过欺凌，但他们最终取得了不凡的成就。

韩信能忍胯下之辱

韩信很小的时候就失去了父母，屡屡遭到周围人的歧视和冷遇。一次，一群恶少当众羞辱韩信。有一个屠夫对韩信说道："你的个子比我高大，又喜欢带剑，但内心是不是很懦弱啊。"而且又仰仗他们人多势众，侮辱他说："假如你不怕死，那就刺我；不然，就从我的胯下爬过去。"韩信注视他一会，俯下身子从对方的胯下爬过去。市上的人都讥笑他，以为韩信真的胆子很小。

之后，韩信找到刘邦，把张良给他的推荐信呈上去，最后当上了大将军；而如果韩信当初杀死那个小混混，杀人偿命，韩信也不会当上大将军，更无法帮助刘邦攻打项羽，统一天下。

大丈夫能忍天下之不能忍，故能为天下之不能为之事。

如何与异性
正确相处？

事件回放

● 敏敏今年16岁，自上学以来一直是父母心中的好孩子、老师眼中的好学生，可在一个月前却因老师发现她与同校一位异性同学交往过密，而被多次严厉批评教育。其后，老师还把敏敏"早恋"的事告知了家长。

因为敏敏的成绩好，父母对她都寄予厚望，所以在知道她早恋后父母非常生气。他们没收了她的手机，要求她不能与任何男同学接触，现在放假她都只能待在家里，未经他们同意都不得独自外出。

事件分析

比起以前的父母视早恋为大敌，现在越来越多的父母变得开明，开始对孩子的早恋表现出一种更宽容的态度，但其中存在的安全问题，以及对学习可能产生的影响，依然是父母关注的重点。

要正确认识和对待早恋。你有好的品质才会吸引异性，同时懂得欣赏和喜欢一个

人，是你心智慢慢成熟的体现。早恋本身并不让人害怕，但早恋可能带来的一些后果却让人害怕。而青少年对此也应该有自己的判断，自己去思考、去面对、去解决，这是成长过程中重要的一环。

当你在情感的门前徘徊时，需要反思自己的情感选择。在反思中学会选择，学会承担责任；在选择中把握青春，在承担责任中长大成人。在与异性相处时，你要学会保护自己。社会的法律、道德，学校的纪律、守则，社会的良好习俗，健康的文化环境，给我们提供了外界的保护。而增强自我保护意识，掌握自我保护的方法，以及自律，才是对自己最好的保护。

事件预防

与异性交往时，首先，要端正态度，培养健康的交往意识，淡化对对方性别差异的意识。思无邪，交往自然就会落落大方。

其次，要广泛接触，避免个别接触，交往程度宜浅不宜深。广泛接触，利于更好地认识、了解异性，对异性总体把握，并学会辨别异性。

再次，交往关系要疏而不远，把握两人交往的心理距离，排斥让彼此感到过于亲密和引起心绪波动的接触。

最后，要把握好"自然"与"适度"两个原则。所谓"自然"——指在与异性交往过程中，言语、表情、举止、情感流露以及所思所想做到自然顺畅，既不盲目冲动，也不矫揉造作。所谓"适度"——指与异性交往的程度和方式要恰到好处，应为大多数人接受。

男女同学之间的交往，既需要互相尊重，又要自重自爱；既要放松自己，又要掌握分寸；既要主动热情，又要注意交往的方式、场合、时间和频率。

中学生正常异性交往的积极因素

1. 智力上取长补短。男女有别是千真万确的。除生理上的差异外，性格与特征方面：男性刚强、坚毅、豁达、粗犷、豪放激烈；女性端庄、文静、温柔，情感丰富细腻，内心敏感，易同情人等。男性粗心、果断、有独立性、大胆决断；女性细心、敏捷、有耐性，易受暗示，缺乏决断等。因此，男女交往可以取长补短，互相提高。

2. 心情上愉悦，互相激励前进。中学生在与异性交往中对异性产生神秘、好奇、向往的心理感受，同时，也自然产生接近异性的心理倾向。满足这种心理，一定程度上会使人增加愉快、轻松、美好、和谐的感觉，从而激发内在的积极性和创造力。

3. 性格的培养与发展。生活中，既与同性交往，又与异性交往，则这个人的性格特点便会是豁达开朗，情感体验较为丰富，个人意志较为坚强。交往对象多会有个体差异，故可取长补短，从而发展自己、提高自己。

4. 在正常的交往中积累异性交往经验，便能较好地区分友谊与爱情，为今后进入婚恋期打下基础，更稳妥地把握好自己的情感，从而严肃、认真、负责地择偶，缔造幸福的婚姻。

发生拥挤踩踏
事件怎么办？

事件回放

● 2014年9月26日下午，明通小学体育老师将两块体育教学使用的海绵垫子（约长200厘米、宽150厘米、厚30厘米）中的一块临时靠墙放置于学生午休宿舍楼一楼过道处。

下午两点左右，学校起床铃拉响，明通小学一、二年级午休学生起床以后返回各班教室上课。在返回教室的过程中，由于靠墙的海绵垫平倒在一楼的过道，造成了通道不畅，先期下楼的学生在通过海绵垫的时候就发生了跌倒。

后续下楼的大量学生不明情况，急速向前拥挤造成了相互叠加挤压，导致多名学生伤亡。

事件分析

学校中的拥挤踩踏事故是容易导致学生群死群伤的恶性事故之一。那么，在什么情况下容易发生校园踩踏事故呢？

1. 易发生事故时间：多在下晚自习、下课、上操、就餐或集会时，学生集中上下楼梯，且心情急切。

2. 易发生事故地点：多发生在教学楼两层之间的楼梯转角处。

3. 易发生事故的学生群体：主要集中在小学生和初中生之间。他们年龄较小，自我控制和自我保护能力较差，遇事容易慌乱，使场面失控，造成伤亡。

4. 易发生事故的设施设备因素：通道狭窄，楼梯特别是楼梯拐角处狭窄，不能满足学生集中上下的需要；建筑不符合标准，一栋楼只有一道楼梯，不易疏散；照明不足，晚上突然停电或楼道灯光昏暗，没有及时更换损坏的照明设备，也容易造成恐慌和拥挤。

5. 易发生事故的管理因素：学生在集中上下楼梯时，没有老师组织和维持秩序；学生上晚自习时没有老师值班，下课时无人疏导；个别学生搞恶作剧，在混乱情况下狂呼乱叫，推搡拥挤，致使惨剧发生；没有对学生和教师进行事故防范教育和训练，无应急措施。

事件预防

1. 镇静：在拥挤发生之初或者不幸身陷拥挤的人流之中时，一定要保持镇静，不要乱喊乱叫或推搡他人，防止造成混乱。

2. 服从：听从事故现场管理人员的指挥调度，配合指挥人员缓解拥挤，避免踩踏事故。

3. 避让：如果发觉拥挤的人群潮水般涌来，应该马上避到一旁，千万不要加入或尾随；拥挤中，如果发现一旁有坚固物体应紧紧抱住，以等待时机脱险。

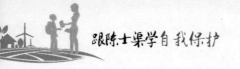
4. 防护：如果身不由己被裹入拥挤的人群时，要伸出力量较大的那只手臂，用手掌轻触前面那个人的后背，将另一只手握住撑出的那只手的手腕，双臂用力为自己撑开胸前的空间，用小步，稳定重心，随人流移动，不要试图超越别人。

5. 保护：如果陷入极度的拥挤之中，为防止造成窒息，要尽力在胸前保持一定的空间。应做双臂交叉、双手握住上手臂、平抬在胸前的自我保护动作，并尽量坚持，直到情况发生好转。

6. 迅速站起来：万一被挤倒或绊倒，一方面要大声呼喊寻求周围人员的救助，另一方面要尽快站起来。

7. 球状保护：如果摔倒后局面失去控制，没有办法站立起来，就应侧身蜷曲，双膝并拢贴于胸前，双手十指交叉扣颈，双臂护头。

发生拥挤踩踏时的救命姿势

1. 在拥挤人群中，左手握拳，右手握住左手手腕，双肘撑开平放胸前，形成一定空间保证呼吸。

2. 不慎倒地时，双膝尽量前屈，护住胸腔和腹腔重要脏器，侧躺在地。

3. 两手十指交叉相扣，护住后脑和颈部；两肘向前，护住头部。

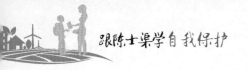
运动中受伤怎么办？

事件回放

● 某小学五（3）班上体育课时，体育老师将全班同学分为男女两组，男同学在操场上踢足球，女同学在操场旁边的空地上跳长绳。当体育老师在女同学处指导跳长绳时，忽然听到踢足球的同学在大声喊叫，体育老师忙跑过去一看，只见学生小文手捂眼睛，蹲在地上。原来，小文是甲方的守门员，乙方队员程某将球射到小文的膝盖上后反弹到脸上，致使小文眼睛受伤。小文表示自己能看见物品，除了有点痛之外，没有什么大问题，体育老师就没有带小文去医院。

放学回家后，小文家长见孩子的眼睛表面无任何异常，孩子也说没有什么不适之感，就没在意。第二天早上，小文感到眼睛模糊，就去医院检查，才发现左眼视网膜剥离，虽经治疗，左眼视力已严重损坏，几近失明。

事件分析

在学生伤害事故中，体育课上发生的伤害事故占有相当大的比例。这是与体育课自身所具有的运动性、激烈性、对抗性和开放性等特点分不开的。而伤害事故的发生往往是学生和老师方面都存在问题。

教师方面的原因

1. 缺乏敬业精神，安全意识差，责任心不强。有的教师上课思想不集中，活动过程中缺乏严密有效的组织管理等。如某校教师在雨天体育课安排学生馆内打乒乓球，由于组织不严密，造成学生乱哄哄一堆，打的和看的挤在一起，结果把一学生的嘴巴打出血了。

2. 专业知识浅，业务能力差。有的体育教师不重视体育基本知识、基本技能的讲解示范，导致学生掌握体育技能不熟练甚至出现错误，既不易养成良好的锻炼习惯，又不利于身体素质持续发展。如进行圆周接力跑时，由于教师讲解与安排不周密，导致传接棒时，相互冲撞摔倒。

3. 课前没有充分准备，应变能力差。有些教师课前不备课、不备场地、不备器材、不备学生，不仔细进行各种安全事故隐患的排查，也不做好课中安全防范措施，结束时不安排放松整理运动，易造成慢性损伤。

学生方面的原因

1. 安全意识差，缺乏自我保护和安全防范意识。多数学生在上体育课、活动课时，喜练不喜听，没有完全领会教师的技术要领和安全要求，也没有从思想上引起足够重视，练习时容易造成损伤。

2. 准备活动不充分。准备活动分课前准备工作和课中准备活动。因学生衣着、鞋等准备不足而造成的损伤也占一定的比例。课中的准备活动主要为了人的机体器官和系统达到能够完成动作的强度和难度，否则运动伤害在所难免。

3. 技术动作不正确。体育课教学中学生经常会出现错误动作，如不及时纠正就会

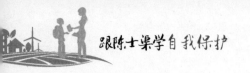

变成损伤隐患。如推铅球时，没有按正确动作发力，造成"扔"铅球，就会致使前臂外肘关节肌肉拉伤。

4. 不遵守运动规则。体育运动，尤其是集体项目，都具有一定的规则，每个参加者均要遵守规则才能确保有序安全，但有些学生无视规则，嬉闹争抢，活动不当，或用粗暴的方式打球、比赛，很容易造成自己和他人损伤。

事件预防

第一，一定要穿着合适的衣服、鞋子，避免让自己不适当的穿着成为体育课上受伤的元凶。

第二，认真做好准备活动。不要对准备活动敷衍了事，跟着老师认真完成，不要轻看那些简单的准备活动，它能帮助你的身体在短时间内达到能够适应正式练习的状态。

第三，仔细听从老师的指导。根据老师的指导，按照其要求完成练习，没有把握的时候，及时寻求老师的帮助。

第四，不要把体育器材当玩具。随意拿体育器材与同学戏耍，不仅容易造成自己无意中受伤，还极有可能因为你的失手伤到其他同学。

第五，学会自我保护。如被绊倒时，顺势一滚做前滚翻或后滚翻；从高处落下尽可能低头、屈颈以肩背着地。针对可能发生的事故，做一些相应的训练。同时强化自救措施的训练，如踝、腕关节受伤后应立即冷敷10~20分钟，若伤势不严重可在24小时后热敷、贴膏药等。

如何避免在足球运动中受伤

不同的运动所运用的身体部位不尽相同，应对各项运动（尤其是剧烈运动）的特点有所了解，在运动中才能避免或减少受伤。

踢足球最易受伤部位——踝

足球比赛中的激烈对抗是足球运动的魅力所在，同时也是造成损伤的一大原因。足球运动是创伤发生率最高的运动项目之一。外伤程度，最轻的是擦伤，重的可能骨折、脱位、扭伤等。

在足球运动中，除一般常见的擦伤及挫伤外，踝关节的扭伤最常见。发生运动损伤时，多见于突然变向或起跳落地时踩在其他运动员的脚上，导致外侧韧带撕裂，导致剧痛、肿胀。

专家建议：

1. 跳起落地时，有意识地使两脚分开，重心控制在两脚之间，尽量使双脚同时着地。

2. 当脚踩到球上或他人脚失去平衡时，应立即顺势倒下，做好自我保护动作。

3. 平时加强踝关节肌肉韧带的力量练习，如负重提踵、跳绳和足尖走等。

4. 一定要加强保护，比如穿足球鞋、足球袜等。在上场时，队员都必须装备齐全，增强保护意识。如果场地凹凸不平易扭伤或滑倒，因此最好到正规场地上踢球。

第2章
社会生活

如何防范和
抵制邪教？

● 1999年5月，12岁的小龙在母亲全力以赴的"消业"下离开人世。小龙出生时，鼻腔先天多出两块软骨，断断续续地在医院治疗。后来，练习法轮功的妈妈开始向儿子传功，指导儿子学习"法轮功"的相关动作。结果，儿子从双眼视力模糊到双目失明，再到不能站立，最终死亡。

● 2002年4月，9岁的小楠被醉心于"圆满"的母亲掐死。面对记者的采访，小楠的母亲说："破坏大法的魔附在我女儿身上，一瞬间就进去了。掐死了女儿，魔就除掉了。"

● 2005年7月10日，33岁的"法轮功"痴迷人员李某，在家中将6岁的女儿和6岁的外甥用菜刀一并杀死。

● 2008年7月，李某出生不久的儿子得了痢疾。痴迷"法轮功"的李某认为儿子有"业力"，要"消业"，不给予治疗。不到一天，儿子因严重脱水而死。

事件分析

以上案例中导致这些年幼生命逝去的最大元凶就是"法轮功"邪教组织。

"法轮功"是一个打着佛教和气功的幌子，盗用佛教教义的邪教组织，由李洪志于1992年创立。宣扬所谓"法轮大法"，鼓吹"真、善、忍"。1999年7月国家取缔了"法轮功"，并将其定为邪教。

20世纪90年代以来，李洪志及其"法轮功"邪教组织，以祛病健身、修心养性为诱饵，散布歪理邪说，愚弄坑害百姓，大肆侵犯人权，恣意践踏法律，制造极端事件，扰乱社会秩序，制造了一起又一起人间悲剧。大量事实证明，"法轮功"组织是一个反人类、反科学、反社会的邪教组织，是寄生在中国社会肌体上的毒瘤。

事件预防

以科学的态度，树立正确的世界观、人生观和价值观，确立健全的人格，才能自我保护，免受伤害。

培养自己的健康人格是十分重要的事情。具有科学的自我保护知识与方法，才能减少成长的烦恼、抵御各种邪教迷信以及各种丑恶的侵蚀，从而更好地把握自己、发展自己。健康人格不仅是心理健康的重要指标，也是心理健康的重要资源。对每个人来说，都应对自己的心理健康负责。只有具备健康个性的人，才不必借助什么"救世主"来支撑自己。

要正确认识邪教与宗教的区别，自觉抵制邪教传播。

24

要积极检举揭发邪教的违法犯罪活动，发现邪教人员从事地下活动并制作、传播、散发、张贴反动宣传品及秘密串联聚会等活动，请及时拨打110报警或到当地派出所报案。

正确认识宗教与邪教的区别

宗教是社会意识形态之一，是人类社会历史发展到一定阶段形成的一种社会文化现象。宗教相信并崇拜超自然的神灵，是自然力量和社会力量在人们意识中虚幻的反映，有其产生、发展和消亡的客观规律。目前世界上公认有三大宗教：基督教、伊斯兰教和佛教。在我国，合法宗教除这三大宗教外，还有天主教和道教。

邪教是指冒用宗教、气功或者其他名义建立，神化首要分子，歪曲宗教教旨、教义、教规，利用制造、散布迷信邪说等手段蛊惑、蒙骗他人，发展、控制成员，危害社会的非法组织。邪教不是宗教概念，而是一个社会法律概念。邪教组织不是宗教组织，而是一股社会邪恶力量。

邪教是当今人类社会的一大公害，不仅中国有，世界各国也同样面临着这一严重的社会问题。邪教、恐怖活动和毒品被称为当今人类社会三大毒瘤。据粗略统计，全球邪教组织共3300多个，其中以美国和日本最多，仅美国就有700多个，如美国的"人民圣殿教"、日本的"奥姆真理教"等。尽管邪教的名称林林总总，光怪陆离，门类不同，年代迥异，但其反科学、反社会、反政府的本性却如出一辙。

邪教具有极强的欺骗性、破坏性和顽固性。它们不仅编造歪理邪说，制造思想混乱，而且构筑"秘密王国"，制造恐怖事件，危害群众生命财产安全；不仅盘剥信徒钱财，非法牟取暴利，而且扰乱国家经济秩序，严重危害国家安全。

青少年如何
抵制毒品？

16岁的小烨成绩不错，所以家长对他的顽皮一直包容。但面对中考的升学压力，望子成龙的父母开始对小烨的学习进行严格要求，自由惯了的小烨适应不了突然的严格要求，内心的叛逆肆意增长。为了和父母作对，他开始放弃学习，通宵玩游戏，这直接导致他的成绩一落千丈。从来没有对孩子发过火的父亲，吃饭时听闻孩子的成绩，当即就把饭碗给摔了，开始狠狠地训斥起小烨。心气高的小烨在父亲的训斥声中愤怒地摔门而出。

就是这一次争吵和出走，让小烨在一条错误的道路上越走越远。小烨离开家之后就被一群人盯上了，他们看着小烨满脸的不快就主动上前搭话，熟络之后，其中一个人掏出一小包白色粉末，并告诉小烨，这东西只要吸上一口，瞬间就能忘记所有的烦恼。小烨当然知道这是什么，面对这群人的邀请他内心一度动摇，想起父亲愤怒到几近变形的脸，他痛快地接过那人递过来的白色粉末，算是真正成为那群人的"伙伴"。

有了第一次，就有第二次，第三次。后来，为了弄钱吸毒，小烨开始学会了说谎，甚至敲诈低年级同学的钱。小烨的毒瘾越来越大，终于在父母家人面前藏

不住了。发现真相的父母伤心欲绝，带着孩子去派出所报警，并配合警察捣毁了这个专门诱骗青少年吸毒的贩毒团伙。小烨也被送进戒毒所进行强制戒毒。

事件分析

根据《中华人民共和国刑法》第357条规定，毒品是指鸦片、海洛因、甲基苯丙胺（冰毒）、吗啡、大麻、可卡因以及国家规定管制的其他能够使人形成瘾癖的麻醉药品和精神药品。

相对鸦片、海洛因等传统毒品而言，新型毒品主要指人工化学合成的致幻剂、兴奋剂类毒品，是由国际禁毒公约和我国法律法规所规定管制的、直接作用于人的中枢神经系统，使人兴奋或抑制，连续使用能使人产生依赖性的精神药品（毒品）。目前在我国流行滥用的摇头丸等新型毒品多出现在娱乐场所，所以又被称为"俱乐部毒品""休闲毒品""假日毒品"。

随着新型毒品的泛滥，青少年已经日益明显地成为最容易受这类毒品侵害的高危人群之一。据统计，美国25岁以下的人口中，每3人中就有1人是吸毒者，意大利吸毒者中18～27岁的占70%。我国吸毒者中，35岁以下的占85%左右。由于有些年轻人精力充沛、追求新奇、寻找刺激、思想幼稚，再加上逆反心理的作用，非常容易受到这类新型毒品的诱惑和俘虏。一些青少年群体喜欢出入娱乐场所，而这些地方正是毒品泛滥的场所。许多青少年出于好奇或是在不知不觉的情况下开始接触毒品，毒贩们也常采用各种招数诱惑孩子们吸毒。

事件预防

树立防毒意识

要认真学习有关毒品知识，了解毒品的危害，在心里树立起坚固的思想防线，以此来辨明是非，避免自己误入歧途。毒贩引诱青少年吸毒往往不择手段，比如可能在香烟中掺入毒品，在饮料中放入毒品等。只有青少年熟悉了他们的伎俩，才不会为他们所骗。

选择朋友要谨慎

朋友有两种：一种是互相促进、互相鼓励，对你产生良好的影响的，这样的朋友被称为"诤友"；另一种朋友被称为"损友"，他们会对你的学习和生活产生巨大的负面影响，从而摧毁你尚未成型的价值观念，动摇你的道德底线。在损友错误的引导下，你可能会毫无意识地走上歧途，甚至触犯法律。在选择朋友的时候一定要谨慎，一味讨好你的并不就是好朋友，能给你带来积极影响的朋友才是值得交的朋友。

远离毒品做到"十不要"

不要因为遇到不顺心的事而以吸毒消愁解闷，要勇敢面对考试失利、家庭矛盾等挫折；不要放任好奇心，如果因好奇心而以身试毒，一试必付出惨痛代价；不要抱侥幸心理，吸毒极易成瘾，试一下将会悔恨终生；不要结交有吸毒、贩毒行为的人，遇有亲友吸毒，一要劝阻，二要回避，三要举报；不要在吸毒场所停留，身处毒雾缭绕的地方实际是不自觉吸毒，万万不可停留；不要听信吸毒是"高级享受"的谣言，吸毒一口，痛苦一生；不要接受吸毒人员的香烟和饮料，因为他们可能会诱骗你吸毒；不要听信毒品能治病的谎言，吸毒摧残身体，根本不能治病；不要爱慕虚荣，以为有钱人才吸得起毒，吸毒是有钱的标志。错！吸毒就是一种愚昧可耻的违法行为；不要盲目仿效吸毒者，也不要崇拜吸毒的"偶像"，这种赶时髦的心理既幼稚又糊涂，贻害无穷。

吸毒对身体健康的影响

1. 造成营养不良。吸毒可引发呕吐、食欲下降，抑制胃、胆、胰消化腺体的分泌，从而影响食物的消化吸收。时间一长，造成吸毒者营养不良和体重下降，特别是经济困难的吸毒者，吸毒时间越长越骨瘦如柴。

2. 损害呼吸道。毒品中大都掺入滑石粉、淀粉等粉状杂物，吸食后往往引发肺梗塞、肺气肿、肺结核等肺部疾病；同时，吸毒还会损害免疫系统，引发许多疾病的传播和感染。

3. 损伤血管。静脉注射毒品，可引起局部动脉梗塞、静脉炎、坏死性血管炎或霉菌性动脉瘤等。

4. 损害神经系统。如急性感染性神经炎、细菌性脑膜炎等。

5. 引发多种精神病症状。如自私、冷淡、社会公德意识差，有时出现幻觉冲动，导致自残、自杀或伤人。

被拐卖了
怎么办?

 **事件回放**

● 一名5岁的小女孩在去幼儿园途中,被人强行带上高速公路。面对危险状况,小女孩临危不乱,为避免受到伤害没有与人贩子对抗。当小女孩发现警察出现时,她迅速向警察求助,并清晰地描述了自己被拐卖的过程,同时准确无误地向警察提供了个人信息。根据小女孩提供的信息,警察得以快速地与其家人、老师取得联系。在得到警察帮助后,小女孩一直拉着警察的衣角,紧紧跟在警察身后,始终使自己处于相对安全的位置。小女孩整个被拐过程惊心动魄,但小女孩却能冷静应对,使人贩子落网而自己平安脱险,堪称儿童"防拐教材"。

● 另一个"防拐教材"案例则发生在4岁女孩阿芸的身上。2017年4月20日晚上,父母因为餐厅生意繁忙无暇照顾4岁的女儿阿芸,阿芸就一个人在路边的沙堆玩耍。一名陌生男子走近阿芸,并用糖果引诱她,在遭到阿芸拒绝后,男子强行抱走了阿芸,并拦下一辆车准备离开。受到惊吓的阿芸开始不停地哭叫,这引起了司机的注意,司机便向阿芸询问她的爸爸妈妈在哪里,此时阿芸立刻停止哭泣,清楚地告诉司机"妈妈在做饭,爸爸也在做饭,我不认识这个人”。阿芸的回答引起司机的警觉，司机立即报警，并最终协助警察将抱走阿芸的陌生人抓获。

而阿芸的机智不仅仅表现在这里。面对警察的盘问，嫌疑男子不是狡辩就是沉默，而一旁的阿芸却说出了实情，“我出去玩时，那个人抱我到车上，我就哭着要妈妈，我不认识那个人”，并且她还准确地说出了自己家餐厅的名称。

事件分析

第一个案例中，从被拐到被救的整个过程中，小女孩做了三件事让自己平安回家。首先，小女孩没有过度反抗，面对明显有暴力倾向的成年人，她没有激烈抗拒，而是先顺从他，等待机会逃脱，这样避免了刺激嫌疑人，保证了自身安全；其次，她发现警察时迅速求救，哭喊着“她不是我妈妈”，这让警察能够立即做出判断；最后，她向警察准确提供个人信息，这让警察能够马上与她的家人、老师取得联系。

第二个案例中，4岁阿芸的做法也是可圈可点。首先，阿芸非常干脆地拒绝了陌生人的食物；其次，在被强行带走之后通过大声喊叫引起其他人的注意；最后，她能在较为安全的情况下清楚地描述出事情的大致情况。正因为做到这些，阿芸才能在司机和警察的帮助下平安回家。

但第二个案例中，有值得大家注意的地方，就是阿芸独自一个人在沙堆旁玩耍，这种行为是很不安全的。那个时候正好赶上吃饭时间，来往于餐厅的人多且杂，阿芸在父母忙于招待顾客的时候，独自跑到外面玩耍，这个行为本身就存在一定危险。

 事件预防

1. 不要理会陌生人。人贩子会通过各种借口来诱拐小孩，比如让小孩带路，等走到人少的地方就将小孩抱走。所以，对于陌生人提出的任何要求都要坚决拒绝，并且对于陌生人的"好意"一定要提高警惕。不要接受陌生人给予的任何物品，特别是食物和饮料。有的人贩子还会以玩具、电子产品等作为诱饵，吸引孩子的注意力，以便趁机将他们带走。

2. 不要独自长时间在外逗留。孤身一人在路口、小区门口，甚至是学校门口的儿童容易成为人贩子的目标。所以，不要一个人长时间在外逗留。如果需要长时间在某个地方等人，一定要找个相对安全的地方。如果是在街道，可以站在交警附近，如果是在小区门口或者学校门口，可以在保安室等。

3. 不要独自去陌生的地方玩耍。不熟悉的环境，容易给人的心理造成压力，如果这时人贩子上前套近乎，很容易得手。另外，因为附近没有认识的人，人贩子也相对难以被识破。

4. 被陌生人强行带走时要大声呼救。人贩子作案的手段简单粗暴，能骗就骗，骗不过就直接抢。如果遇上抢小孩的人贩子，旁边有人时要大声呼救，呼救的时候不要光喊救命，可以喊"我不认识他""我不要跟他走"，这样不但能引起旁人注意，还能让他们迅速做出正确的判断进行施救。如无旁人在场，可假装服从，再寻机求救。

5. 不要随便给陌生人开门。一个人在家时，如果有人敲门，一定要先看看来人是谁，坚决不要给陌生人开门。即便是熟人，也不要轻易把门打开，可以先询问来人的目的，并电话联系家长。

6. 不要随便到别人家里做客。应邀去别人家做客而被骗走的事件也时有发生，要以此为戒，有时候"串门"也是有危险的。

7. 牢记家庭住址、父母及家人的电话。这很简单但也很容易被忽视，很多人因为太依赖手机的电话簿，可能连最亲近的人的电话也懒得记。可如果记不住号码，发生危险时手机又不在身边，要怎么跟家人取得联系？

8. 学会报警。"有困难找警察"这句话不只是一句宣传语，危险时刻一定要向警察求助。可以通过电话，也可以用短信报警。不管用哪种方式，报警时一定要能够清楚简单地向警察描述情况以及事发的地点。

12110短信报警

在遇到危险且没有条件打电话报警时，还可以通过向12110发送短信进行报警，另外还可以通过开通了微信报警服务的警务微信平台进行报警。

何时使用短信报警：1.公交车上遭遇抢劫、扒窃等；2.被绑架、非法拘禁等；3.身处赌博、卖淫或贩毒等复杂场所；4.其他不方便电话语音报警的情形。

如何短信报警：采用短信报警时，应在12110短信报警号码后加报警人所在地或所选择的受理地区号的后三位。如北京是12110010。

报警短信如何写：报警人应尽可能简要、准确地写明事件性质、地点和时间等要素。如在家中遇到小偷，可编辑"*县*街道（小区）*栋*单元***（房间号），现有小偷"。

其他注意事项

1. 报警人在特殊情况下要防止警方回复的短信被违法犯罪分子发现，应事先将手机调到静音状态。

2. 遇到危急情况进行短信报警时，最好多发几遍短信，同时可将短信发送给亲属、朋友，以避免短信发生延时丢失的情况。

3. 12110作为110电话报警的补充，是一种辅助性、非紧急报警求助方式。当发生紧急事件时，如果情况允许，最好还是拨打110电话报警。

如果遇到
传销怎么办？

 事件回放

　　16岁的小然在中考成绩出来之后，得知自己已考上高中，就下定决心要在暑假找一份兼职。除了上招聘网站，他还通过社交软件找同学推荐。小然的努力马上就收到了回应，许久不曾联系的小学同学通过QQ联系他，自称在邻市做兼职，可以给小然介绍。因为联系自己的是小学同学，而且要去的地方车程才一个多小时，所以小然并没有起疑心，在小学同学的极力劝说下，小然买了第二天前往邻市的车票。

　　第二天到汽车站接他的除了小学同学外，还有一个陌生人。见到两人的到来，小然提高了警惕，他开始不停地追问同学具体的工作性质和地点，同学却言辞闪烁，只说能让你赚大钱。当他们要带小然上面包车时，小然果断拒绝，没有继续跟着他们往面包车的方向走，而是转身准备跑掉。陌生人见状开始拖拽小然，小然用力反抗并不断大喊"他们是传销"，听见动静的巡警忙往这边跑，而小然的同学和陌生人见有警察赶来，连忙撒手，乘着面包车扬长而去。小然对赶来的警察一五一十地讲述了自己的经历，并在警察的陪同下买好回家的车票。

　　幸好小然及时看出事情的不寻常，并抓住时机逃脱，最后只是虚惊一场。而

实际上很多人并没有这么幸运，他们可能就这样被自己的同学，甚至是朋友、亲人骗进传销窝点。

事件分析

传销是指组织者或者经营者发展人员，以被发展人员或者间接发展的人员数量或销售业绩为依据计算并给付报酬，并要求被发展人员以交纳一定费用为条件，取得加入资格等方式牟取非法利益，扰乱经济秩序，影响社会稳定的行为。

一些传销组织甚至将在校学生作为重点诱骗对象，主要是因为三点：第一，在校学生中成绩较差者有厌学情绪，容易受到传销人员的蛊惑诱骗；第二，传销组织诱骗在校学生加入更容易从其父母处骗取钱财；第三，在校学生被传销组织洗脑后很难通过普通的说服教育使其转变对传销活动的认识，一旦加入，使其脱离传销组织的难度较大。

事件预防

现在的传销主要表现为"拉人头"式传销、"骗取入门费"式传销和"团队计酬"式传销三种形式。主要针对涉世未深的青年包括学生。平时要提防这两种情况：一是打电话、发短信向你炫耀赚了很多钱的朋友；二是平时关系不怎么样，却热心要给你找工作的朋友。

被困传销组织该如何自救

1. 记住地址，伺机报警。掌握自己所处的具体位置，楼栋号、门牌号等，如果没有这些，可看附近有没有什么标志性建筑，暗中记下饭店、商场等名字。如果能发短信或打电话，可偷偷报警，或告知自己的亲人或朋友，叫他们报警。

2. 外出活动时，争取在途中逃离。外出时，要抓住时机赶紧跑，比如在经过一些机关单位、企事业单位时，跑过去向保安或工作人员求助；提前写好求救纸条假装买东西，和钱一块递给对方，让对方帮助报警；跑向人多的地方，高声向路人求救；实在不行，可以故意撞坏旁人的东西以引起注意。

3. 扔纸条求救。如果实在找不到逃跑的机会，可以在上厕所时偷偷写好求救纸条，为引起注意可写在钞票上，然后趁人不备，从窗户扔下。如果没有窗户，可以在外出的时候找机会递给别人。

4. 骗取信任，伺机逃离。如果实在没有逃脱的机会，就要想办法伪装，先骗取他们的信任，让他们放松警惕，然后再寻找机会逃离。

被人搭讪
怎么办？

事件回放

● 在某大城市的繁华广场，有一段时间，经常可以看到这样一些人，他们自称是附近模特公司的业务员，每天像猎手一样注视着大街上过往的年轻女孩。

梁同学是广西大学的一名在校大学生。8月中旬的一天，她在广场附近逛街时就遇到了这些业务员。一个业务员称，见梁同学长相甜美可人，想挖其到公司做模特，但要经过"面试"。禁不住赞美的小梁决定去试试，当来到"面试"地点时，梁同学看到等待着的几个年轻女孩，胖瘦高矮不一，顿生疑惑，怀疑其中有诈。梁同学机警地称病离开，并把她的怀疑告知了当地的新闻记者。

后经过记者暗访发现，这些所谓的模特业务员其实就是诈骗团伙。他们遇到年轻女孩就上前搭讪，经过几分钟的交谈，总能成功说服一些女孩前去"面试"，其中有身材高挑、长相出众的美女，但也不乏个子不高、相貌平庸的女孩。据了解，像这样的模特公司每天都有几十名甚至近百名年轻女孩被说服"面试"。"面试"之后，对方会以培训成本费为由收取数百元的费用。

事件分析

很多少男少女的心里都藏着一个明星梦。因为他们正处于爱做梦、爱幻想的年纪，对未来会有无限的遐想，加之越来越多的未成年明星活跃在荧屏上，相关培训公司的存在也让学生们认为自己有实现梦想的可能。另外，一些明星的出道经历也"刺激"了学生继续做明星梦。有些学生梦想着自己能够被星探发现，从此开启明星之路。

星探受雇于娱乐、影视等公司，根据公司需求选择有潜质的合适人选。随着直播的兴起，寻找有潜力的网络主播也成为星探的工作内容。"星探"这种闻者多、见者少的神秘职业往往被不法分子所利用，他们抓住一些人渴望成明星的心理，编造一连串的美丽谎言诱骗受害人上当后实施犯罪。

星探找演员是不收费的，有时请人来试镜或参与临时演出，还会付工资。要注意的是，不要轻易被假星探带到陌生偏僻的地方，以免遭受人身侵害和财产损失。

事件预防

1. 不要轻易相信陌生人，在与不熟悉的人交往时一定要注意时间、场合。去比较偏僻、人少的地方时，最好能有同伴陪同。

2. 在外学习、工作和居住时，要选择正规、安全的场所，避免租住在人员复杂、流动性大、易发生危险的地段。

3. 提高自我保护意识和能力。被陌生人搭讪时要提高警惕，不管对方自称什么身份都不要轻易相信，更不能独自跟随对方前往不熟悉的地方。

如何应对
陌生人的求助？

事件回放

● 2013年7月24日15时左右，17岁女孩萱萱在去同学家途中，遇到一名假装肚子疼的孕妇，请求其帮忙扶自己回家到楼上，女孩没意识到事情的危险性，因善良葬送了自己如花的生命。当她将孕妇送到楼上后，其在家等候的丈夫面露凶光，欲对女孩实施性侵。女孩奋力反抗，被孕妇夫妇二人用被子蒙头窒息而死。

事件分析

上述案例中，善良的姑娘因为自己的善良而失去了如花的生命。正是因为一些人的善心被恶意利用，所以人们在面对"帮不帮""扶不扶"的问题时才犹豫不决。18岁的成都少年好心搀扶摔倒的老人却反被老人诬陷撞人，不过监控拍下了事件的整个过程，证明了少年的清白。在接受记者采访被问到"以后如果再遇到这种事情还会这么做吗"的时候，少年的回答充满了正能量，但也透着现实的无奈，"以后再遇到老人摔倒，还会去扶。只是下次会留个心眼，不会再'贸然'行事"。

"赠人玫瑰，手有余香"，乐于助人的品质不管在哪个时代都应该被推崇，居心叵测之人的恶意不能成为人性冷漠的理由。或许我们在帮助他人的时候应该讲究一下方式方法，这样既能达到助人的目的，还能避免因此惹上不必要的麻烦。

事件预防

路遇陌生人求助时要有防范被骗的意识，首先要理性分析求助者是否真实、可信；其次，尽量通过政府相关部门或社会组织对其进行帮助，比如公安机关、民政部门、卫生部门等；最后，在特定情况下，如果要实施帮扶行为，建议在有目击证人或视频监控录像拍摄的情况下实施。切记不要为了帮助他人，而将银行卡密码泄露出去。万一施救反而造成自身人身财产遭受损失，应及时拨打110报案，尽可能全面描述作案人外貌特征、诈骗过程中对方使用的身份证号及手机号等有价值的线索，也可以向公安机关申请调取相关视频监控录像记录，通过录像识别作案人，帮助公安机关尽快破案，追回自己的损失。

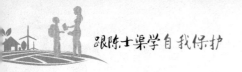

有被性侵危险时
该怎么办？

 **事件回放**

● 2016年11月5日晚上11时许，家住C区的16岁女孩小燕接到朋友18岁的阿明的电话，阿明说想要和她一起出去聊天。虽然天色已晚，但是小燕念在朋友情谊上还是同意了，半路还接上了15岁的阿勇和24岁的阿文。4人同到阿文家中，边喝酒边聊天。

喝完酒后，阿明、阿勇、阿文使用暴力强行与小燕发生了关系。小燕的这场噩梦持续了近两个小时，直到次日凌晨1时，阿明才将小燕送回了家。因为害怕和羞耻，小燕事后并没有立即报警。正因为这样，噩梦再次降临。

11月6日晚上9时，距上次事件发生还不到24小时，尝到了"甜头"的3个人又将小燕骗了出来，想再次与她发生关系，这次小燕以去方便为借口，试图用手机拨打110报警，但被发现并阻止。3人因担心被警察抓，将小燕送到她家附近，便驾车离开了。

回到家，受尽屈辱的小燕才打电话报警。17日，阿明、阿勇、阿文3人被公安机关抓获。

 事件分析

性侵犯一般是指任何非自愿的、带有胁迫性质的、并与性相关的攻击行为，如性骚扰、强奸等。通常，性侵犯可分为非身体接触，如对受害者说下流的话，开性玩笑、打性骚扰电话以及向受害者暴露生殖器等；身体接触，如触摸受害者身体的隐私部位或令人反感的部位，实施性暴力等。

未成年遭遇性侵事件的发生往往可以大致归结于以下几个原因：

性教育缺乏。由于性教育的缺乏，部分低龄儿童未能意识到嫌疑人的行为是在严重侵犯自己的权益。家长常常走两个极端，对于性知识，或是避而不答或是大尺度教育，这两种方法最终的结果，要么就是孩子到了青春期不了解性知识，最终招致性侵案发生；要么就是并没有起到正面作用，反而让不谙世事的孩子模仿，造成无法弥补的伤害。

安全意识不够。部分未成年人未能意识到跟随非亲密关系的异性进入到单独空间是在步入险境，未能掌握必要的防身方法。

瞒案不报导致多次受害。部分未成年人慑于嫌疑人的威逼恐吓而不敢声张，以致嫌疑人逍遥法外多次作案。

 事件预防

女青年特别是少女、幼女在与男性交往时要提高警惕，不管对方是否与自己相熟。

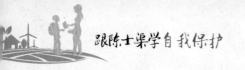
要避免在夜间或在偏僻的场所和男性相处。因为夜晚单独和男性出去或在偏僻的场所和男性单独相见，一旦被侵害，不仅势单力薄，而且求救无门。最好在白天的公共场合与男性见面，并提前告诉家人、朋友自己的去向。

在与不熟悉的男性交往过程中更要提高警惕。不要孤身一人赴约，更不要喝酒，在感知有被侵害危险时，要讲究方法，不要激怒对方，争取在对方放松戒备的情况下迅速逃走。

青少年一旦遭遇性侵犯，应注意：

1. 尽快报案。记住罪犯长相、特征，配合公安机关尽快抓住罪犯，用法律来惩治罪犯。

2. 注重证据的保存。配合公安机关做好罪犯精液采集等工作，采取措施，防止受孕。在强奸发生后，要尽快到医院的计划生育门诊就诊，防止因受孕而带来更大的伤害。

3. 预防性病。被性侵后，要及时去医院做必要的检查和治疗，以防感染性病。

4. 寻求帮助。必要时可与学校、社区、律师、社会救助机构、青少年保护机构、正规的心理咨询机构等取得联系，以寻求更有力的外界援助。

公交车上的"咸猪手"

每年夏天，关于女性被性骚扰的报警都会明显增加。据统计，这类案件绝大部分发生在公交车、商场、超市、电梯（扶梯）等公共场所。很多女性被性骚扰后，因羞于启齿而选择隐忍，加害者常能逍遥法外，并导致类似案件再次发生。

在公交车上遇到色狼，一定不可忍气吞声，利用好以下4招，既可防范也可震慑色狼。

躲迷藏：及时移开身体，动作要夸张，引起其他乘客注意。

用眼神：色狼最怕被你发现，此时你可以用严厉的眼神一直盯着他。

靠声势：大喊一句"干什么"，对方多半会离你远去。

下狠脚：如果没勇气喊出来，用力踩对方脚，一次不行就多踩几次。

此外女生乘坐公交车时，用手抓住护栏（扶手）在胸前与外界形成大约一肘距离，与前后的乘客隔开一定距离。

如果被骚扰，应鼓起勇气，立即警告对方。如果对方不听警告，也可机智周旋，记住对方的特征，如口音、容貌、个头等，用手机拍下对方照片，或者站在公交车上有摄像头的地方（车门处），设法留下证据后报警，以便警方打击处理。

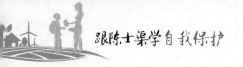
遇到小偷
该怎么办？

事件回放

● 2015年10月2日上午10点，想趁着假期好好休息的中学生佳佳在卧室睡觉，突然听到有人猛敲家里的不锈钢大门，发出的声响把她吵醒了。过了几分钟，她就听到了客厅里有人走动，发现那声音不像家人走路发出的声音，她就爬起来锁住卧室的门。其间，小偷敲了她的房门，吓得她屏住呼吸，一只手顶住房门，另一只手颤抖着发短信。所幸她爸爸6分钟后就赶回了家。

佳佳爸爸赶到后发现，大门敞开着，就直奔女儿卧室，房门是紧锁的，女儿安然无恙待在房间。他得知小偷并没有离开家后冲入自己的卧室查看，一个30多岁的陌生男子突然从门后蹿出。被发现后，小偷与佳佳爸爸对打起来，两人拉扯到了客厅，佳佳趁机找邻居帮忙，最终大家合力将小偷制伏。

事件分析

发现家里进了小偷之后，千万不要为了一时意气，为了财物盲目地与小偷打斗，也不要打草惊蛇，以免对方伤到自己。最好先想办法把自己所在的房间门锁好，想办法报警，可以给朋友发短信，让朋友帮忙报警，或者自己压低声音报警，还可以通过短信报警。如果没有报警的机会，也不要主动与其打斗，避免受到侵害。如果对方已经逃跑，要记住其逃跑的方向，然后马上报警。

事件预防

小偷的入室方式主要还是撬门开锁，所以一把安全的门锁对保护家庭财产安全至关重要。根据中国消费者协会的统计，目前全国有50%的家庭使用A级锁，窃贼只需数秒就能破门而入。

目前市面上主流的有A级、B级和C级三类门锁。某地警方曾对这三类门锁进行过试验，测试其防盗功能，发现A级锁9秒即可打开；B级锁需要3分40秒；而C级锁（超B级）超过30分钟仍未开启。由此可见，A级锁的锁芯是最原始也是最不安全的，锁芯内部结构非常简单，这样的锁技术性开启时间不到1分钟，熟手会更快，且互开率极高。

出于财产安全，或是孩子时常独自在家的考虑，提升门锁等级已经成为一件刻不容缓的事情。

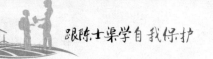

如何避免成为小偷的作案目标

公交车、地铁等公共交通工具也是小偷主要的作案场所，尤其是人多拥挤的时候，小偷更易趁乱得手。所以，在乘坐公共交通时要注意以下几点，就能最大限度地避免成为小偷的作案目标。

1. 选好位置。一般来说，公交车上的小偷喜欢选在人员经常流动的车门附近作案，所以乘车时最好避开车门的位置。

2. 注意观察身边的人群。发现有人故意碰撞或紧贴你时，可以移动站立位置，防止被窃。

3. 不要在车上睡觉。坐在公交车上睡着后，就完全失去防范能力了。

4. 垂手拎袋。可以把包从肩上拿下来拎在手里，置于面前，使其处于膝盖以下位置。这样小偷的手臂就算再长，也伸不到那个位置。

5. 注意司机或其他乘客的言行语气。有时候公交司机能分辨出部分扒手，好心司机会用特定的言语提醒乘客。比如"不要都挤在上下门附近""大家注意自己的包"等。同时，有些乘客察觉到你身旁人员出现异样，却又不敢直接告诉，他们有可能用轻轻地推撞一下、踢一下脚、假装熟人和你打招呼等方式示警。所以遇到这种情况时，就要赶紧看看自己的东西有无丢失。

网友说要
见面怎么办？

事件回放

● 2015年10月3日，某地一名女大学生失联，今年刚刚18岁。3日凌晨，她在接听了一通电话后离开宿舍，彻夜未归，电话也无人接听。当晚21点左右，女生的同学到学校所在的派出所报警。

10月5日，当地警方宣布此案已告破。通报称，接到报警后，派出所民警与师生一起在学校周边的旅店、网吧、出租房寻找。4日凌晨0时30分，民警在学校附近的某宾馆3楼325房间发现失联女生已遇害。经初步检验，死者受到性侵，颈部有扼痕及指甲印痕，系窒息死亡。

经查，当晚住在事发房间的廖某某（男，24岁）有重大作案嫌疑，廖某某系遇难女生网友。

10月4日上午11时许，在嫌疑人廖某某租住的一民房内，办案民警发现其踪迹，最终将其抓获。经审讯，廖某某对强奸杀人的犯罪事实供认不讳。

事件分析

社交媒体的兴起，让日常生活中接触不到的陌生人之间有了互相联络的可能。而与通过聊天软件认识的人见面之前，首先，要好好问问自己，是不是真有见面的必要。如果仅仅是出于好奇，大可不必如此冒险。如果是因为觉得对方是你想结识的贵人，或是绝不能放手的理想对象，那必须更加慎重地考虑。因为，出于这两种目的约见网友的，往往更容易上当受骗。

网络带有虚拟性，信息传达虽然方便快捷，但同时有些自述信息求证真假具有难度。这为网络交往中，进行角色扮演提供了方便。所以社交软件被很多犯罪分子利用，从而实现达到他们骗财骗色的目的，他们可能会伪装成"高富帅"、成熟稳重的成功人士或者其他能引起你美好想象的身份，再通过日常交流进一步美化形象，让你放松警惕，判断失误，最终受骗上当成为他们的"囊中之物"。

事件预防

即使是成年人，和网友见面依然是一件危险系数很高的事情，更何况是涉世未深的青少年。出于安全的考虑，青少年和网友见面的行为不能提倡，在某种程度上应该禁止。

切记，作为未成年人，同学们绝不能随意见网友。首先，网友见面，安全不能保证。无论是财产安全，人身安全，都有各种危险存在。网络世界是虚拟的，这种虚拟的不确定性，有一句广为人知的话可以让我们警醒：在网络世界，你无法知道和你对话的是人还是一条狗。所以，如果你和某一位网友在网上聊天很愉快，最好就把这种好感存放在网络中，来自虚拟世界的情感，就把它放在虚拟世界里。任何想要把虚拟带进现实的行动，都是危险的。还有一种可能是，即使没有危险，却会因为见面而心生不快，发现想象和现实中存在的巨大落差。那么最终连那份虚拟世界的美好都将不复存在了，也就是网友见面的"见光死"结局。所以，不见网友，是青少年保证安全和美好人生的必要条件。

第3章
家庭生活

如何与父母沟通？

● 2016年6月12日一早，本该到学校的14岁少年小畅磨磨蹭蹭地没有动身，一直低头玩手机游戏。"你怎么还没去学校，这都晚了！""我今天不想去，再玩几天。"小畅的叛逆惹怒了父亲，他夺过小畅的手机摔到地上，父子俩起了争执。愤怒的父亲顺手打了孩子两巴掌。感觉受了委屈的小畅跑出家。"你好好反省反省，明天就给我去学校。"父亲对着孩子的背影喊道。

临近中午，想着孩子差不多该回家吃饭的小畅爸爸左等右等，没等来孩子，却接到了保定客运中心站派出所打来的电话，说自己的孩子竟然在100公里外的保定。

原来，和父亲闹脾气的小畅任性地跑到了新乐市的客运汽车站，打算坐车到保定易县找外出打工的母亲。而就在其坐车到保定的途中，形单影只的他引起了同车的韩女士的注意，她劝导孩子，并将其带到保定客运中心站派出所。

当日下午3时许，驱车跑了100多公里后，小畅爸爸终于赶到了保定客运中心站。在父子相见之前，保定客运中心站派出所民警将小畅爸爸叫到一边，核实身份，详细了解了孩子离家出走的原因，并提示父亲应承担的责任，这才让父子俩见面。

事件中怒摔手机的父亲是不对的，但因此负气离家出走的小畅也做错了，独自离家的行为不仅不对而且非常危险。与父母发生矛盾时会生气，但需要重点提醒的是，离家出走绝对不是用来发泄内心愤怒的好方式。气过之后要找机会尝试和父母进行沟通，这是解决亲子之间矛盾最有效的方式。

从个体心理发展来看，人从幼年到成年，会经历3个特别的时期，也就是3次逆反期。

第一逆反期：2.5～3岁之间，自我意识萌发

第一个逆反期出现在自我意识萌发的时期，一般是在2.5～3岁之间。不过现在的孩子在1岁前后就开始表现出"叛逆"了。一方面是因为现在孩子的确越来越聪明了；另一方面是因为父母们养孩子更加小心，也因此对孩子更早、更多说"不"。孩子们说出的第一个"不"，就是从父母这里学来的。

第二逆反期：7～9岁，准大人期

脾气秉性的突然转变，以及强烈的逆反心理都是这个阶段孩子的常见现象。孩子进入学校后学到了一些知识，他们急于想要证明自己已经长大了，因此会开始要求独立，行为上想要脱离爸爸妈妈的掌控，表现为说话做事充满"大人"气、独立、有个性。

第三逆反期：12～15岁的青春期

青春期的孩子身体已发育成熟，觉得自己已经很"强大"了，而心理发育尚未成熟，常常遭遇到各种挫折。这样，在身体与心理矛盾的自我纠结和成长中，孩子开始有了更多样的情绪体验。对女孩来说，会变得内向并体验到自我怀疑、愧疚或抑郁等情绪；对男孩而言，则更多地体验到暴躁和愤怒。

事件预防

如果想缓和与父母之间的僵局，就不要一味企盼父母的改变，而是自己先迈出努力的第一步。

要让父母意识到自己正处于青春期。如果家长没有青春期意识，对孩子的心理发展后知后觉，看到孩子不同以往的表现，就会一味强调孩子"不乖了""逆反了"等，就容易发生冲突。让父母意识到自己正处于青春期，让他们对家庭教育能够多投入些时间、精力和感情，父母是会及时捕捉到种种变化，欣然迎接孩子的青春期的，并坦然面对孩子对父母依恋的减弱，修正以往的教育方式。相信这样的父母，与孩子沟通起来就会自然、顺畅得多。

把父母当作朋友，勇敢诉说心事。这个朋友可能很亲近，也可能很威严，请一定相信他们值得依靠。在生活中我们都会遭遇到一些困难、失望、挫折与痛苦，如与朋友、兄弟姐妹、父母、老师、环境之间的问题，或是自己本身的问题。或许比起父母，你更愿意跟同龄的朋友诉说，但如果问题非常棘手，就请相信你的爸爸妈妈，试着跟他们说说心里话。

请给予父母起码的尊重。人与人交流最起码的是互相尊重，即使是朋友，也是在相互尊重的基础上才能建立深厚的友谊，更何况是生你养你的父母。尤其在生气的时候，多点尊重就会少说些伤人的话，少一些戾气才会多一些有效沟通的可能。

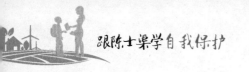

4种错误的沟通方式，你爸妈属于哪一种？

1. 指责埋怨型沟通。如"你看你桌子乱的，就不能收拾收拾！"这种类型的沟通家庭问题往往在相互指责和埋怨中不了了之，问题最终并未真正解决，成为一个未了结事件遗留下来。

2. 迁就讨好型沟通。如："啊呀！妈妈不知道这个菜你不喜欢吃，将就着少吃点。你想吃什么？我明天就去买。"进行这类沟通的家庭，通常表面都会让人感觉一团和气，但却缺乏一种家庭成员之间真挚的爱，而且会令孩子养成依赖而又固执、软弱而又任性等不良性格特点。

3. 打岔啰唆型沟通。孩子简单的一句话就引出父母很多话。一般情况下，这种沟而不通的表现是表面上双方都在说话，而且可能持续较长时间，但信息根本没有交流，一方是家长在喋喋不休，另一方是孩子陷入烦躁、焦虑，盼望着这种唠叨早点结束，家长说了什么根本没有听进去。

4. 超理智型沟通。如："妈妈，我需要买件新衣服。""不是上次给你买了吗？怎么又要买了？不要总跟人攀比，学生就要把心思都花在学习上。"这类沟通中父母"教育"意识、"规范"意识过强，戴着"有色眼镜"看孩子，特别容易产生亲子感情障碍。在对孩子的影响方面，有时会看到不少眼前的"良好"效果，但从长远来说，对孩子人格的成长是非常不利的，亲子矛盾往往在孩子进入青春期后爆发出来。

遭遇家暴
该怎么办？

事件回放

● 小莲从小在老家的亲戚家长大，7岁左右被父母接到城市生活。然而，到小莲12岁时，她的左手小拇指已经缺少了一截。据她说，是被母亲用剪刀活生生给剪断的。原来，小莲此前在一家工艺厂打工，因一次没有把产品做好，其母非常生气，拿出剪刀，就把她左手的小拇指剪断了一截。此外，母亲还经常用打火机、烟头烫她的身体。但这些事情，小莲从来都不敢对别人讲，就连自己的爸爸都不知道。直到小莲工作的工厂负责人看到她身上的伤痕打电话报警，其母的暴行才被公之于众。

● 浩浩今年7岁，他的妈妈在他出生后不久就离家出走了，他的爸爸因为欠下赌债也离开了家，浩浩就一直由爷爷带到5岁。去年年初浩浩爸爸回家，但浩浩的噩梦也开始了，跟爸爸住在一起的浩浩经常遭到爸爸的拳打脚踢，甚至还被爸爸用绳子勒住脖子吊在门上。虽然其间，相关部门在确认家暴事实之后，对浩浩爸爸进行了教育，但似乎并没有起多大作用，一次，浩浩仅仅是因为没有关好窗户又遭到爸爸的打骂。而爸爸长时间的家暴已经在浩浩心里产生了阴影，浩浩经常躲在外面不敢回家，有时候睡在楼道，有时候躲在别人家的车底。有一次，浩浩甚至趴在一辆大货车底盘悬挂的备胎上，上了高速公路才被司机发现。

《中华人民共和国反家庭暴力法》（以下简称《反家暴法》）是我国首部专门针对家庭暴力的法律，该法于2015年12月27日通过，2016年3月1日施行。《反家暴法》第五条规定，未成年人、老年人、残疾人、孕期和哺乳期的妇女、重病患者遭受家庭暴力的，应当给予特殊保护。并且在第十二条强调，未成年人的监护人应当以文明的方式进行家庭教育，依法履行监护和教育职责，不得实施家庭暴力。

家暴对孩子造成的恶劣影响无法估量，尤其是将对其个性和心理健康产生长远的不良后果，不但会加剧不良行为产生，还会加剧亲子冲突。

在一个充满暴力，充斥吵骂、怨恨和悲愤的家庭中成长的子女，其生理、心灵上必然会受到较大的伤害。大多数会有恐惧、焦虑、孤独、自卑等心理障碍，对家庭和婚姻缺乏安全感，对父母失去尊敬，影响学习生活。这样的孩子，长大后有暴力倾向的比例也会比其他孩子高得多，有的甚至会有厌世心理，严重者会走上违法犯罪道路。

父母打骂孩子的直接后果，不仅使孩子承受了皮肉之痛，更严重的是使他们心灵受到伤害，对父母产生排斥心理。调查表明，未成年人离家出走，有一半以上与父母打骂和责罚有关。

未成年人遭受家庭暴力案件呈现的特点

1. 暴力主要来自于父母，父亲或母亲单方施暴的更为常见；

2. 家庭暴力存在于城镇和农村，城镇被报道的案件比例明显超出农村；

3. 10周岁以下的未成年人更容易遭受家庭暴力，女童高于男童；

4. 家庭结构发生变化，非婚生家庭和流动、留守家庭的儿童更容易成为家庭暴力的受害者；

5. 未成年人遭受家庭暴力原因复杂，以因家庭矛盾拿孩子撒气和暴力管教为主；

6. 多种形式的家庭暴力并存，遗弃、性侵害和拐卖应当引起重视；

7. 受暴未成年人、家庭成员及基层群众组织报案率不高；

8. 家庭暴力持续时间长、造成严重后果的才被关注，一般的家庭暴力还没有引起重视；

9. 对案件和施暴人的处理方式简单，除后果特别严重的进行刑事处罚外，对一般案件缺少有效处理方式。

事件预防

家长体罚孩子，如果只是出于教育目的，并且情节轻微，青少年可以试着理解父母并改正自身存在的不足之处；同时，平时加强和父母的交流沟通，表达自己的看法，要求父母改进教育方式。

但如果遇到了家庭暴力，青少年就应当及时向外界寻求帮助。

《反家暴法》第十三条明确规定："家庭暴力受害人及其法定代理人、近亲属，可以向加害人或者受害人所在单位、基层群众性自治组织、妇女联合会等有关组织投诉和求助。有关单位、组织接到家庭暴力投诉和求助后，应当及时劝阻、调解，对加害人进行批评教育。家庭暴力受害人及其法定代理人、近亲属，也可以直接向公安机关报案。"因此，孩子在遭受家庭暴力时可以依法向其所在学校、村委会、街道、父母所在单位反映情况，或者向公安机关报案，通过法律途径对施暴人采取强制措施。

《反家暴法》第二十三条规定，当事人因遭受家庭暴力或者面临家庭暴力的现实危险，向人民法院申请人身安全保护令的，人民法院应当受理。

当事人是无民事行为能力人、限制民事行为能力人，或者因受到强制、威吓等原

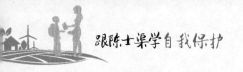
因无法申请人身安全保护令的，其近亲属、公安机关、妇女联合会、居民委员会、村民委员会、救助管理机构可以代为申请。

　　家庭暴力不仅是家庭事件，还是社会事件，甚至是严重的违法犯罪行为，应当受到全社会的充分重视。青少年要加强对法律知识的学习和掌握，在生活中学会使用法律武器维护自身合法权益。如果在维权过程中遇到法律或心理方面的问题，可以拨打12355青少年服务热线，寻求当地共青团组织的帮助。

拓展阅读

遇到家暴　寻求法律援助

最高人民法院、最高人民检察院、公安部、民政部《关于依法处理监护人侵害未成年人权益行为若干问题的意见》（以下简称《意见》）自2015年1月1日起实施。

《意见》在一般规定章节第一条对监护侵害行为做出定义。"本意见所称监护侵害行为，是指父母或者其他监护人（以下简称监护人）性侵害、出卖、遗弃、虐待、暴力伤害未成年人，教唆、利用未成年人实施违法犯罪行为，胁迫、诱骗、利用未成年人乞讨，以及不履行监护职责严重危害未成年人身心健康等行为。"按照此内容，父母对孩子施行暴力行为就属于监护侵害行为范畴。

第二条则明确了处理监护侵害案件时应该遵循的原则。"处理监护侵害行为，应当遵循未成年人最大利益原则，充分考虑未成年人身心特点和人格尊严，给予未成年人特殊、优先保护。"

第三条则赋予了普通人保护被侵害未成年人的权利。"对于监护侵害行为，任何组织和个人都有权劝阻、制止或者举报。"

……

独自在家时
有人敲门怎么办？

事件回放

● 2015年10月15日晚上11点左右，家住C县L镇的小华独自在家温习功课，隔壁作坊的工人杨某来敲她家的门，说进屋借点纸巾。小华听说他借纸巾急用，又知道他是在隔壁干活的，就让他进屋拿纸巾。

大约过了10分钟，杨某再次敲门，说家里充电器插座坏了，想到小华家充电。这一次，小华没有开门，哪知杨某持续敲门敲了5分钟，她才不得不开门让杨某进屋。当时，小华有点害怕，多次催促杨某快点离开，可为时已晚，兽性大发的杨某不顾小华反抗，强行抱住她乱摸起来。小华找到机会奋力挣脱后，杨某才匆匆逃离现场。

小华的父亲接到女儿电话后，急忙赶回家并报了警。

事件分析

现在，父母上班，孩子放学后一个人在家，是很多双职工家庭的常态。很多父母

菜果蔬，而导致了食物中毒。经治疗，孔女士和女儿很快恢复正常，不过其丈夫因为身体虚弱，需要住院治疗。

"丈夫喝了冰镇啤酒，还洗了冷水澡，加上屋内的空调一直开着，温度较低，他除了拉肚子、呕吐外，还发起了高烧。幸亏邻居张大哥和王姐及时把我们送到了医院，要不然，我们一家三口可能得有生命危险，我想对他们说声'谢谢'。"孔女士说。

 事件分析

食物中毒是指人们食用了含有病原微生物及其毒素的食品或食用了含有毒性物质的食物而引起的中毒。从致病因素看，常见的有：细菌性食物中毒、真菌毒素中毒、动物性食物中毒、植物性食物中毒、化学性食物中毒。食物中毒通常表现是以上吐、下泻、腹痛为主的急性胃肠炎症状。每年的5月到10月是食物中毒的高发期。

进食后发现上述症状，很有可能是食物中毒。发现食物中毒患者后不要惊慌，应及时拨打120急救，在等待救援的同时，也可以采用催吐和导泻两种方式来缓解患者中毒症状，减轻患者的痛苦。

 事件预防

1. 饭前便后要洗手。

2. 不喝生水喝开水。

3. 注意挑选和鉴别食物，不要购买和食用有食物中毒危险的食物。

4. 瓜果、蔬菜生吃时要洗净、消毒。

5. 到饭店就餐时要选择有"食品卫生许可证"的餐饮单位，不在无证排档就餐。

6. 不要到无证摊贩处买食品。不买无商标或无出厂日期、无生产单位、无保质期限等标签的罐头食品和其他包装食品。

7. 不吃腐败变质的食物，变质的食物往往含有多种病毒，最易导致食物中毒。

8. 不随意捕采食用不熟悉、不认识的动物、植物（野蘑菇、野果、野菜等）。

9. 避免昆虫、鼠类和其他动物接触食品。

10. 烹调食物要彻底做熟，做好的熟食要立即食用。经储存的熟食品，食前要彻底加热。

11. 避免生食品与熟食品接触，不能用切生食品的刀具、砧板再切熟食品。生、熟食物要分开存放。

食物中毒后紧急处理办法

发生食物中毒后，千万不要恐慌、自乱阵脚，在等待医院救护时，可以采取以下应急措施：

1. 饮水。立即饮用大量干净的水，以达到稀释毒素的目的。

2. 催吐。用手指压迫咽喉，产生呕吐反应，尽可能将胃里的食物排出。对腐蚀性毒物中毒以及处于昏迷休克状态或患有心脏病、肝硬化等疾病的病人不宜采取上述方法。

3. 导泻。如果吃下毒性食物已超过2小时，且精神尚好，则可在医务人员的指导下服用泻药，以促使毒性食物尽快排出体外。

以上方法是紧急处理方法，并不是治疗食物中毒的最好办法，只是为治疗急性食物中毒争取时间。在紧急处理后，患者应该马上进入医院进行治疗。同时要注意保留导致中毒的食物，以便医生确定中毒物质。

冬季洗澡
谨防煤气中毒

事件回放

● 惠州汝湖一女孩在被买菜回来的家人发现时，已倒在冲凉房，无生命体征，送院后再抢救1个半小时，仍然回天乏力。

女孩就读于市区某中学，在前几天的期末考试中得全班第一，事发当天正准备下午去参加期末大会领奖。1月22日上午，该女孩的爷爷出门买菜，女孩一人在家。10点左右爷爷回来时发现冲凉房有水声，于是叫唤孙女，却得不到应答。过了一会儿，爷爷又叫唤孙女，还是得不到应答。爷爷赶紧打开冲凉房的门，发现孙女已倒在地上，无生命体征。

爷爷立即拨打120求救，并同时通知女孩父母回家。在急救人员到达前，女孩家属在120急救中心调度员的指导下，对女孩进行心肺复苏施救。急救人员到达现场后，继续对女孩进行心肺复苏。约11点女孩被送入市第一人民医院，该院急诊科医生对女孩进行全力抢救。但经过1个半小时的抢救，仍然无法挽救女孩的生命。

事件分析

煤气中毒即一氧化碳中毒，一氧化碳是碳或含碳物质燃烧不完全时释放的一种化学毒物，属窒息性气体，一旦进入人体，可引起中毒而缺氧，产生严重的神经系统损伤而危及生命。洗澡前要检查一下热水器、烟筒是否合格，点燃后是否有漏烟现象；特别是遇到阴雨天时，注意保持室内通风。一旦发生煤气中毒，必须在第一时间通风补氧。通常大脑皮层神经细胞缺氧5～6分钟就会造成不可逆转的死亡。因此，在发现煤气中毒后，必须立即送医院救治。

每年1月至3月，是一氧化碳中毒事件的高发时段。煤气中毒的病人一般都会出现剧烈的头痛、头晕、呕吐，全身无力和心跳加快。另一个最为明显的特征就是口唇变成桃红色。如果发生煤气中毒，一定要及时将病人撤离中毒现场，将病人放在空气流通的地方，平躺休息，关键要注意病人保暖和保持呼吸道通畅。如果病人中毒严重，如进入昏迷状态、呼吸有困难时，就一定要打120或直接送往医院进行有效的抢救。

事件预防

洗澡不超过20分钟

目前家庭里面出现一氧化碳中毒一般是在使用燃气热水器洗澡时发生的，建议洗澡时间最好不要超过20分钟。如果在洗澡时发现一氧化碳中毒的情况，要马上打开门窗通风，尽快把病人迁移到通风的环境，以利其呼吸畅通，并注意保暖。如果

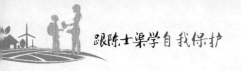
发现有人一氧化碳中毒较深，应该紧急呼叫120救护车，立即送医院救治。对于重型中毒昏迷不醒的患者，要将其头部偏向一侧，确保呼吸道通畅，以防呕吐物误吸入肺内导致窒息。

冬天冷，洗澡要注意通风，门窗不宜紧闭

冬季造成煤气中毒的直接原因是人们在洗澡取暖时，只顾及了暖和，却忽视了安全。有的人把浴室的门窗紧闭，不透气，液化气罐和热水器又放置在浴室内，燃气不完全燃烧生成一氧化碳，使得室内的氧气逐渐减少，洗澡的人常会产生头晕、窒息、中毒现象。在使用燃气时，一定要打开窗户，保持通风的良好。如果是用老式的燃气热水器洗澡时，门窗不宜紧闭，稍微留一条小缝隙，只要不直接吹到身体上引起着凉就行。

洗澡时中毒了，如何急救？

1. 迅速关闭气阀，将门窗打开通气，使中毒者尽快脱离现场；

2. 将中毒者头放平，使其呼吸不受阻碍；

3. 注意保暖，避免受凉而导致肺部感染加重病症；

4. 口内若有呕吐物，用手指裹洁净的布轻轻擦拭，以免进入咽腔造成窒息；

5. 中毒者出现高热，可用冰袋或毛巾冷敷；

6. 中毒较轻者可喝少量醋或酸菜水，使其迅速清醒；

7. 若中毒者面色青紫，四肢冰凉，呼吸停止，应立即进行口对口人工呼吸；

8. 若中毒者心脏已停止跳动，在进行人工呼吸时还应与胸外心脏按压同时配合，而且应该在最短的时间里和急救医生取得联系。

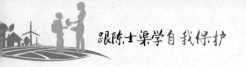

家中突然起火
该怎么办？

事件回放

● 因为父母经营餐馆非常忙，平时根本没有时间陪孩子。所以，即使是周末，也只有小玮和小彦两个人在家。

像以往的假期一样，这个周末家里又只有15岁的小玮和8岁的小彦。他们学习完之后就待在客厅休息，躺在沙发上玩手机、吃零食，突然小彦闻到一股烧焦的气味，发现气味越来越浓后，他叫起哥哥一起寻找气味的出处。当发现爸妈的卧室着火了，他们连忙跑进厨房接水来灭火，无奈火苗点燃了窗帘，烧得越来越大，小玮和小彦这才跑出家门向大人求助。

事件分析

小玮和小彦发现火情时及时采取措施灭火的行为是值得肯定的，需要提醒的是，青少年尤其是年龄较小的孩子，在发现火情后应该第一时间拨打火警电话119报警，报警时要讲清详细地址、起火部位、着火物质、火势大小、报警人姓名及电话号码，并派人到路口迎候消防车。

在保证自己安全的情况下，再考虑如何控制火情，不能盲目救火。如果火势不大，应迅速利用家中备有的简易灭火器材，采取有效措施控制和扑救火灾。

油锅起火，不能泼水灭火，应关闭炉灶燃气阀门，直接盖上锅盖或用湿抹布覆盖，把火熄灭，还可向锅内放入切好的蔬菜冷却灭火；燃气罐着火，要用浸湿的被褥、衣物捂盖灭火，并迅速关闭阀门；家用电器或线路着火，要先切断电源，再用干粉或气体灭火器灭火，不可直接泼水灭火，以防触电或电器爆炸伤人。

事件预防

青少年应该知道的消防知识

1. 不玩火、不随意摆弄电器设备。

2. 不可将烟蒂、火柴等火种随意扔在废纸篓内或可燃杂物上。

3. 在五级以上大风天或高火险等级天气，禁止在室外使用以柴草、木材、木炭、煤炭等为燃料的用火行为。

4. 入睡前，必须将用电器具断电、关闭燃气开关、消除遗留火种。用电设备长期不使用时，应切断开关或拔下插头。

5. 发现燃气泄漏，要迅速关闭气源阀门，打开门窗通风，切勿触动电器开关和使用明火，不要在燃气泄漏场所拨打电话、手机。

6. 不要在楼梯间、公共走道内动火或存放物品，不要在棚厦内动火、存放易燃易爆物品，不要在禁火地点动火。

7. 发现火情后迅速拨打火警电话119，讲明详细地址、起火部位、着火物质、火势

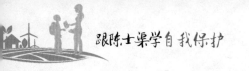
大小、留下姓名及电话号码，并到路口迎候消防车。

8. 家中一旦起火，必须保持冷静。对初起火灾，应迅速清理起火点附近可燃物，并迅速利用被褥、水及其他简易灭火器材控制和扑救。救火时不要贸然打开门窗，以免空气对流，加速火势蔓延。

9. 要掌握火场逃生的基本方法，清楚住宅周围环境，熟悉逃生路线。大火来临时要迅速逃生，不可贪恋财物，以免失去逃生时机。逃生途中，不要携带重物，逃离火场后，不要冒险返回火场。

10. 火场逃生时，保持冷静，正确估计火势。如火势不大，应当机立断，披上浸湿的衣物、被褥等向安全出口方向逃离。逃生时不可乘坐电梯。逃生时应随手关闭身后房门，防止烟气外泄。

11. 楼下起火，楼上居民切忌开门观看或急于下楼逃生，要紧闭房门，可用浸湿的床单、窗帘等堵塞门缝或粘上胶带。如果房门发烫，要泼水降温。

12. 若逃生路线均被大火封锁，可向阳台或向架设云梯车的窗口移动，并用打手电筒、挥舞衣物、呼叫等方式发送求救信号，等待救援。

拓展阅读

火场逃生技巧

1. 跑离火场。一旦在火场上发现或者意识到自己可能被火围困，生命安全受到威胁时，就要争分夺秒，设法脱险。要先迅速做些必要的防护准备（如穿上防护服或质地较厚的衣物，用水将身上浇湿，或披上湿棉被，用湿毛巾或口罩捂住口、鼻以防烟雾等），尽快离开危险区域，切不可延误逃生良机。

2. 结绳自救。如果发现火灾时安全通道被堵，救援人员又不能及时赶到，情况万分危急时，你可迅速利用身边的绳索逃生。绳索浇水后一端紧拴在窗框管道或其他负载物体上，另一端沿窗口下垂至地面或较低的楼层窗口、阳台处，顺绳下滑逃生。

3. 棉被护身法。用浸湿了的棉被（或毛毯、棉大衣）披在身上，确定逃生路线，用最快的速度直接穿越小火区并冲到安全区域，但千万不可用塑料雨衣等易燃可燃化工产品作为保护。

4. 毛巾防毒法。当你被烟雾围困时，可以把日常生活中的毛巾折叠三层浸湿后蒙鼻保护，这样可减少60%的烟雾毒气的吸入。在穿过烟雾时一刻也不能将毛巾从口和鼻上拿开，即使只吸一口烟雾，也会使人感到不适，心慌意乱，丧失逃生信心。

第4章
网络安全

冒充公检法机关诈骗

事件回放

● 2016年8月18日，L县大学生小宁接到一个来自济南的陌生电话，对方在电话里称自己是公安局的，并对小宁说他的银行卡号被人购买珠宝透支了6万多元。

起初，小宁还有点怀疑，但当对方准确说出了他的银行卡号和身份证号等信息之后，他放下了戒备，按照电话里的要求，给对方银行卡转去了2000元钱。

8月22日，那个陌生电话再次联系小宁让其"还款"。据小宁的老师及同学介绍，当天，小宁不知道因为什么把自己的生活费以及家中的现金都存入了银行卡，下午小宁发现银行卡的钱都不见了。

惶恐悔恨的他在晚饭时跟父母说了自己被骗的事，怕父母责怪只说是被骗了2000多元，他的父亲安慰他说没事，钱没了可以再赚，不要太难过。本以为事情就这样过去了，小宁第二天也要回大学，孝顺的他还在网上给他的妈妈买了新鞋，也给他爸爸买了新衣服。然而，悲剧还是发生了。

8月23日，天还没亮，小宁家人看到他睡在沙发上一动不动，走近看却发现小宁已经停止了呼吸。医生初步鉴定，心理压力过大导致心跳骤停是致死的主要原因。

事件分析

　　冒充公检法的电信网络诈骗一直持续增多，受骗者年龄也趋于年轻化。此类犯罪分子一方面在电话中采取恐吓以及严厉的"审讯"态度，给受害人造成很大的心理压力；另一方面不让受害人挂电话，称要对其他人保密，让受害人没有时间思考骗局的漏洞，也无法跟亲朋好友核实。

　　冒充公检法部门的工作人员进行的电信网络诈骗，通常是提前通过非法渠道获得受害人的个人信息，然后通过网络改号软件，伪装成公检法单位的电话号码拨打用户手机，接着以涉嫌诈骗洗钱、拐卖儿童、信用卡透支、邮包藏毒等借口恐吓受害人，接着再以帮助受害人洗脱罪名为由，要求对方将钱款转账至所谓的"安全账户"，从而达到诈骗目的。

　　凡是自称公检法要在电话中办案并且要求市民汇款到"安全账户"的都是诈骗！公检法在办理案件时，会秉持书面和当面的原则对案件进行办理，不会通过电话引导事主使用银行终端进行操作，更没有所谓的"安全账户"。接到可疑电话不要向对方透露任何个人账户信息和盲目汇款，直接挂断，必要时可以向警方求助。

事件预防

　　第一，遇事一定要冷静，不要盲目相信陌生人提供的信息。当接到发放国家助学金、返还义务教育费、"助学扶助款"以及孩子突发疾病或遇交通事故住院需要汇款的电话的时候，要主动与当地的教育部门或者是学校的班主任老师、派出所等部门联系，以证实真伪。

第二，不要随意透露家人的姓名、电话、职业等相关信息，不要轻易转账汇款，发现被诈骗以后尽快报警。公安机关接报警后，会立即开展紧急止付和冻结赃款工作，并立案侦查。

第三，电信网络诈骗的犯罪嫌疑人深谙人的心理弱点，按照剧本步步设置陷阱，把受害人绕进去。对付电信网络诈骗这类犯罪的最好办法，就是接到陌生电话时不予理睬，马上挂掉，不给犯罪嫌疑人任何机会，对犯罪嫌疑人提到的所谓"你可能涉嫌犯罪"，最好的心态就是"宁可信其无，不可信其有"。只要大家增强防骗意识，了解骗子的伎俩，就不会受骗上当。

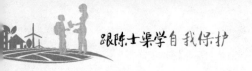

冒充QQ好友诈骗

事件回放

● 2017年1月3日，江同学收到同学QQ信息，说自己的支付宝被冻结了，要她帮忙充话费。她就把银行卡账号发给了对方，对方截了一张300元的转账图给她，她就用支付宝给对方的手机号充了300元的话费。不料，对方说还要再充500元，又将一张转账500元成功的截图发给她，她又照做了。对方继续要求再充1000元，她才发觉被骗了。

事件分析

冒充QQ好友诈骗的手段很多，近期又出现了升级版，一不小心就会上当受骗。

揭秘QQ诈骗"三步走"

第一步：选择大量资金往来人员植入木马

不同于以往的广撒网随意盗取QQ号进行诈骗，升级版骗子对如何选择目标账号是有方案的。他们会专门选择平时就有大量资金来往人员的QQ来盗取，盗取方式是进入工作群，以安装木马或者钓鱼网站等方式盗取。

第二步：长期"潜伏" 远程监控聊天记录

骗子花大量的时间去研究他们的聊天记录，确认账号主人的具体工作，以及人际关系，并对这个账号可利用性进行评估。通过"钻研"，克隆出与当事人一模一样的"QQ"，骗子从原先现场套话见机行事的陌生人，变成了事先有准备的、想好了台词的"演员"。他们对账号主人的说话方式及被骗者与账号主人的关系，甚至一起做过的事都了如指掌。

第三步：克隆"好友"诈骗

骗子选取QQ号主人的"老总""老板""会计"等有资金往来关系的QQ好友，克隆其QQ昵称、头像以及签名，然后将真好友的QQ删除，将高仿QQ加入，利用大多数人都只认头像昵称而不记QQ号码，神不知鬼不觉就替代了原好友。这样的"伪好友"，不怕和原好友撞车，更能让被骗者放松警惕，导致被骗。

 事件预防

1. 不要随意接收陌生人发来的邮件及不明链接，防止因接收邮件、链接导致QQ号码被盗。

2. 在网上接到不明身份的来访时，不要轻易透露自己及亲友的个人信息等情况。

3. 若发现QQ号码被盗，要尽快取回密码并更改用户资料及密码，及时通知QQ好友号码被盗，谨防上当受骗。

4. 如果遇到QQ视频、QQ聊天里的亲戚朋友等关系人求助，一定要有提防心理，不要轻易汇款，尽量拖延打款时间，同时要通过多种渠道与好友联络求证，也可以通

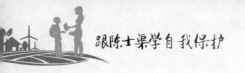

过一些细节问题询问对方，以验证视频真实性或证实其身份。

5. 在网上进行交易后保留好银行打款凭证，如遇到网络诈骗可以为公安机关侦破案件提供依据。

6. 当发现已掉入不法分子所设的陷阱时，要迅速向公安机关报案，以便公安机关迅速采取措施，冻结账户、终止交易，减轻损失。

QQ好友诈骗8大类

1. 冒充亲友，然后以车祸或病重急需用钱为由进行诈骗，多针对子女在外地上大学，平时跟子女用QQ进行联系的父母。这类QQ被盗用户最多，因为针对的诈骗对象容易上当受骗。

2. 冒充朋友，以帮助代付款，借用银行卡接收汇款，借用支付宝账户、游戏账户为由进行诈骗，多针对使用淘宝、旺旺网上购物且网上活动频繁的年轻人。

3. 冒充同事，以帮助代付款、帮助代为转账、借用支付宝账户为由进行诈骗，多针对有上网条件的办公室一族。

4. 冒充同学，以帮助代付款、帮助代为转账、借用支付宝账户为由进行诈骗，多针对年轻人群。

5. 冒充客户，以公司账户已更改，要求支付订金、货款为由进行诈骗，多针对公司财会人员。

6. 冒充老乡，以借钱、借用银行账户为由进行诈骗。

7. 冒充老师，以借钱为由进行诈骗。

8. 冒充老板，以支付货款、返还订金等为由进行诈骗，多针对公司财会人员。

网上购物诈骗

事件回放

● 四川大学商学院大一学生小方在淘宝上购物后，收到QQ消息的加好友提示，便同意将其加为好友。对方自称是"店家"，声称货物有瑕疵，需核实信息以便退款，小方不假思索地配合"店家"。首先索要"验证是否为本人操作"的验证码，得到验证码后的"店家"修改了小方的账号密码，同时掌握了其用户信息，并通过所得到的信息，取得小方的信任；然后小方在"店家"的引诱下输入了银行账号，并在支付宝的备注里输入了账号密码，当"店家"询问其卡上余额时，小方稍感纳闷，但仍未怀疑；当收到银行的验证信息"尾号为××的卡将支出××元"时，小方略有迟疑，在反问对方未成功和压力式"逼问"下，小方一烦躁便将验证码脱口而出。最后，小方银行卡被骗走800元，仅剩20多元零头。

事件分析

案件中的小方是中了网购连环套。网上购物诈骗方法多样，迷惑性强。有的诈骗分子冒充卖家，通过QQ告知消费者要更改商品价格。当消费者打开对方发来的链接，按照提示输入支付宝账户名、登录密码和支付密码后，会弹出"系统升级，无法支付"的对话框，同时，消费者手机会收到支付宝的确认短信，"您申请取消数字证书，校验码：×××××"。随后，一个自称是"客服小二"的人，会打电话告知消费者账户存在安全问题，需要客户报出刚收到的手机校验码。如果消费者轻信了对方，把校验码告诉了这个"客服"，个人账户里的余额便会被转走。

事件预防

1. 认准网购官方网站，正规的购物网站底部有显示备案信息和工商红盾标志，同时标注网站的营业执照、税务登记、法人代表等详细资料。

2. 慎点可疑链接，如有疑问，可拨打电商或第三方支付网站官方客服咨询确认。若不慎点击，应第一时间关闭手机网络，修改网银、支付宝等重要账户密码，并通过安全软件查杀木马病毒。

3. 不要被所谓的"低价"诱惑，也不要轻信一些"中奖""免单"信息。收到相关信息后，需仔细甄别，不轻易汇款、转账，遇到"账户异常""缴纳保证金"等情况时一定要谨慎，当心受骗。

4. 不要接受任何来路不明的客服人员以各种理由提出的退款要求，不进行汇款操作，不向其提供自己的身份证号、银行账号、网络支付平台账号等重要信息，遇到类似问题要及时与官方客服进行核实。

5. 万一发现被骗，应立即拨打110报警，为挽回损失争取时间，随后要准备好交易记录等相关凭证提供给公安机关。

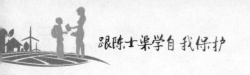

网购常见的骗局

1. 冒充电商客服：骗子发信息给买家，告知网购货物因各种原因无法送出，并冒充客户人员发送退款链接给买家，从而获取银行卡账户、密码、验证码等重要信息。

2. 利用病毒骗取用户信息：将带有病毒的红包链接、钓鱼网站地址发给受害人，或者将病毒下载地址植入二维码中，诱骗受害人点击、扫描，一旦点开使用，病毒就会通过后台将用户的银行卡号等信息发送给骗子。

3. 暗藏陷阱的"中奖""免单"：骗子将一些金额较大的"中奖""免单"信息发送给受害人，引诱他们上当，一旦有人想要领奖，骗子通常要求先交一定的保证金或者税款，才能送出奖品。

4. 利用网购新功能诈骗：某支付平台曾推出一种新功能，开通后可以让亲友在网购时直接用一个账户付款，免去相互转账的麻烦，但很多人不了解这一功能，行骗者利用电话操控受害人绑定自己的账户，实施诈骗。

奖学金发放诈骗

● 在高考后的暑假，刚收到入学通知书不久后，来自茂名的小妮就接到一个关于奖学金发放的电话，对方打电话来告诉小妮，说是当地教育局的，要给她发奖学金，并知道小妮的名字以及家庭地址，小妮以为自己考了重点大学居然还有奖励，开心过头就信了。

不过一冷静下来就觉得奇怪：既然是茂名的，电话里讲普通话？后来对方又问小妮要个人的银行卡号，那个时候小妮还没有办银行卡，就说待会再告诉他。对方一直催促，说过了今天就没有奖学金了，现在快要下班了之类的话，故意制造紧张情绪让她没办法好好思考。挂了电话之后小妮问了班主任，他说教育局没有这个奖学金，小妮就没再打电话回去了，之后也不再理陌生电话了。

事件分析

此类案件犯罪目标非常具有针对性——在校学生，尤其是高中生和大学生，犯罪分子一般冒充教育、财政部门工作人员，通过电话通知学生领取助学金、奖学金等实施诈骗。当学生信以为真按照犯罪分子预留的电话联系"工作人员"，所谓的"机关单位工作人员"就会发出指令让学生到ATM机完成相关操作进行诈骗。

犯罪分子冒充的身份是平时学生难以接触到的，再加上对方能够准确报出其身份信息、家庭成员等基本信息，一些防范意识不强的学生就容易上当受骗。

事件预防

预防电信诈骗，首先要增强个人信息的保护意识，防止个人信息的不经意流失。另外，在接到各种各样的要求汇款、转账信息时，要保持警惕和冷静，通过各种渠道进行确认，不要轻信。

无论是哪个单位或者个人提供资助，都不会要求学生到ATM机或网上进行双向互动操作。如有类似要求的，请先向老师和当地教育部门咨询，千万不要自行按照对方要求操作转账，以免上当受骗。

在诈骗案件发生后，受害人越快采取措施，越能最大限度地挽回损失。一旦发现被骗，要立即拨打110报警，提供骗子的银行卡账户，以便公安机关紧急冻结该账户。之后受害人也可以拨打该诈骗账号所属银行的客服电话，根据语音提示，输入该诈骗账号，输错5次密码能使该诈骗账号被冻结24小时，这项操作可防止嫌疑人用

手机银行转账；紧接着进入网银页面，输入诈骗账号，重复输错5次密码，同样可使

该账号冻结24小时，这样可阻止嫌疑人用网银转账。

机票退改签诈骗

事件回放

● 2017年1月8日，胡同学收到短信称其预订的航班由于"机械故障"取消，让其联系客服办理改签或退票手续，改签需要20元工本费，改签成功后将为每位旅客补偿200元钱，署名某某航空公司。他联系客服后，对方让他去ATM机操作并询问其银行卡内余额，让其输入4070，说是验证码。因为输入金额比卡里的钱多，他就照做了。之后，他收到短信提示说他的银行卡转入50元，接着又有一条短信称其卡内4070元钱转出，这才发觉被骗。

事件分析

骗子利用学生不熟悉航空公司流程和网银操作流程实施诈骗。其实，购买机票或者火车票后，因火车站或航空公司的原因造成各种延误改签，均不需要你通过网银或者ATM机操作。切记一点，任何要求操作网银或者去ATM机操作银行卡的所谓客服，都是骗子！

　　机械故障属于非计划性延误，如果因此取消航班，多是临时的，不会提前很长时间就向旅客发送短信通知。对于退改签的延误补偿，航空公司也不会在短信中写明具体数额。而且，机票退改签业务不能通过银行ATM机办理。如若收到类似信息，建议通过航空公司官方电话进行核实，严防电信网络诈骗。

事件预防

　　1. 在收到类似"航班取消、航班变动、机票退签改签"等内容的短信时，应通过航空公司客服电话、机场客服电话等多方渠道核实，不要盲目轻信来路不明的信息，更不要拨打短信中提供的陌生号码按照对方的要求转账。

　　2. 航空公司没有需要通过ATM机操作进行退改签机票的业务，遇到此类说法必是诈骗。

　　3. "银行卡激活""英文界面操作""双向转账认证"均为诈骗术语，遇到此类说法，皆为诈骗。

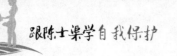

机票诈骗4大常用套路

套路1：ATM机英文界面操作

利用多数受害者不懂英文，骗子要求使用ATM机的英文界面进行改签操作。利用"订单号""操作号"等术语，迷惑受害者填写转账账号，再用"验证码""激活码""关联码"等术语诱骗输入转账金额，直接转移卡内大笔现金。

套路2：激活银行卡操作

诈骗过程中，骗子告知受害者转账的手续费或补助发放没有成功，是由于银行卡没有激活导致，需要进行转账激活。一般会询问受害者卡内余额及卡号，称需要汇款超过余额的钱来进行激活，并告知转账超过余额的钱是不会成功的，从而诱骗受害者转账。一旦受害者开始操作，骗子会迅速将一部分钱转到受害者银行卡内，使得卡内余额大于转账金额，从而转账成功，骗取钱财。

套路3：钓鱼网站盗取网银账号密码

骗子直接在短信中植入钓鱼网站，假冒航空公司页面，骗取受害者网银账号和密码，从而进行网银盗刷。

套路4：贴吧、论坛自问自答

骗子会潜伏在各大订票网站、旅行网站的贴吧、论坛中，利用自问自答的方式宣传虚假客服。

网上兼职诈骗

⬤ 小美虽然还在上大学，但已在外兼职赚生活费。她有个专门用来讨论学习的QQ群。2017年5月，一名网名为"客服-晓敏"的网友加入该QQ群，也和她讨论学习问题。小美以为"客服-晓敏"只是一名普通学生，聊得投机，于是加为好友。

"客服-晓敏"说自己在一家网站工作，可以通过刷信誉度赚钱，并且抛出诱人的条件，"在家里工作，日赚数百元"。小美轻信对方，按照对方的指示，从网店购买充值点卡，再把交易成功的截图发给"客服-晓敏"。"客服-晓敏"承诺，刷够了信誉度，会把这些充值点卡一次性退还，并给小美一定的"佣金"。

小美投入平时兼职赚来的所有钱，三天时间购买15000多元的充值点卡。当她找"客服-晓敏"退还点卡时，对方却一拖再拖。小美本来并不担心，反正这些充值点卡还掌握在自己手里，即使"客服-晓敏"不肯退还，她还可以再卖出去。

当小美查询这些充值点卡时，却发现15000多元的点卡早已被充值。小美发觉被骗，为此报了警。

事件分析

原来，每次小美将交易成功的截图发给"客服-晓敏"后，"客服-晓敏"再把这些截图发给真正的购物网站客服，以此证明是这些点卡的主人，套出点卡的账号和密码，转手卖给其他顾客，从中获利。

兼职代刷信誉、刷游戏里的等级装备等网络虚拟信息为诱饵的网络诈骗案件具有一定的共性，手段多是通过一些找工作的网站发布招聘替淘宝店铺刷信誉兼职人员的广告，再利用QQ与受害人联系。

这类诈骗案件的作案目标多为经常上网的不特定人群，利用受害人想要赚取外快的心理实施诈骗。用虚假的交易方式刷店铺信誉本身就是欺骗行为，对其他卖家很不公平，也对买家的利益造成损害，是违法的，影响网络市场的正常秩序。

事件预防

随着网络的不断发展，网络求职也成为一种新的途径，然而网络也为很多骗子提供了一个平台。在校学生由于对社会接触较少，安全意识薄弱，容易成为骗子行骗的目标。在通过网络找兼职工作时一定要擦亮眼睛，增强防骗意识，不要轻信他人。

不要轻易泄露个人银行账号、密码及手机号码等隐私信息；涉及需要提前交订金、押金或者付费的项目时，要慎重考虑；可以去知名、正规的网站找兼职，不要轻易相信论坛或聊天工具里的招聘信息；养成安装安全软件并开启实时防护功能的良好习惯，这样可以帮助自己有效识别和拦截恶意网址。另外，如果发现自己已经上当受骗，要立即拨打110报警。

网络兼职诈骗主要类型

网络刷单型

以刷信誉度支付劳动提成为由，要求受害人一次或分多次购买其指定的商品，通过支付宝、网上银行支付现金，承诺在刷完订单、信誉度之后全额退还付款金额，并给予一定的佣金或提成。一旦受害人上当支付金额后，不法分子就销声匿迹。

打字兼职型

这是最早也最热门的一种网络兼职，这类兼职入门门槛低，是很多人找兼职的首选。不法分子再开出高薪引诱，很容易让人落入陷阱。当求职者上钩，不法分子会以收取保证金或者保密金为由要求求职者在入职或者兼职之前付款。求职者一旦向对方支付金额，就会与不法分子失去联系。

传销陷阱型

以高薪为诱惑要求受害人到某地一起打工，到了目的地后，便将受害人的身份证、现金、通信工具等都没收，公司天天对其进行"洗脑"，一旦洗脑成功，受害人会对那些天花乱坠的说法深信不疑，还会再反过来做其他同学的工作。

黑中介诈骗型

在校园张贴宣传页，或在网上发布信息，承诺提供各种兼职。一旦有学生前去应聘，对方则以"择岗费""押金"等名目，收取几十元到数百元不等的费用。这些中介公司往往并不具备劳动部门颁发的"职业介绍许可证"等资质，所承诺的高薪基本不能兑现。

虚假中奖信息诈骗

事件回放

● 2016年7月底，蒋同学收到短信称，他被《奔跑吧兄弟》节目选为场外中奖人，奖励18万元和电脑一台，他没有理会对方。过了几天，对方又打来电话，自称是法官，说当天为领奖最后一天，如果他不把手续费交到浙江电视台领奖，电视台就会起诉他。之后，对方发来一个账号，他心里害怕就通过支付宝转到对方账户12000元，不料再也联系不上对方，这才发觉被骗。

事件分析

诈骗分子以网络短消息或"伪基站"群发短信方式，随机发送附有链接的节目中奖诈骗信息，当事主点开短信中的"兑奖"链接后，会被要求填写姓名、电话号码、银行账号等个人信息。

随后，诈骗分子根据受害人填写的联系方式致电受害人，告知需交纳"保证金"，方可获得丰厚大奖。待受害人交完"保证金"后，他们又以交纳税费、手续费等各种理由，要求受害人继续汇款，并恐吓受害人如不及时转账则视为违约，会申请法院起诉等各种借口实施连环诈骗，恐吓诱骗受害人向指定银行账号汇款。

事件预防

尽管中奖诈骗手法非常老套，天上不会掉馅饼的道理大家都懂，但仍然有很多人上当，究其原因，是因为受不了"高额奖金"的利诱，丧失了理性思考。

"四不要"识破骗局

所谓"四不要"，第一个"不要"就是不要轻信。对收到的各类中奖信息和网银系统升级、信用卡高额年费、异地消费、涉嫌洗钱、特价网购商品等信息不要轻信。

第二个"不要"是指不要理睬和回复。不要拨打或访问任何不明短信或电话提供的电话号码和网址，如需求证要拨打110或真正的银行客服电话。对于未知的未接电话不要轻易回拨。

第三是不要泄露银行账户密码等隐私信息。无论任何机构都无权索要私人的银行卡号、密码等信息，对于此类隐私信息一定要妥善保管，绝不能将网上银行用户名、密码、动态口令等信息告诉陌生人。

第四，也是最重要的一点就是"不要转账"，对于任何以安全账户、网购等名义要求转账汇款的电话或短信都不要相信，切记不要向陌生人账户转账汇款这一基本原则。

警惕虚假信息诈骗

虚假信息诈骗犯罪主要表现为虚构消费、中奖等信息实施诈骗。

不法分子的诈骗手法主要表现为以下几种。

一、消费类诈骗

诈骗分子用伪基站群发短信，称诈骗对象在某商场用银联卡消费若干，有问题请咨询银联中心电话。事主一旦回复电话，对方就会告知可能银联卡被盗刷，然后主动提供公安局的报案电话。事主如果回复电话，对方骗称是刑警队或者经济犯罪侦查部门的，再以保护事主账户为由，要求事主到ATM机上进行相关操作，实际上是一种转账操作，把事主的钱转移到其他账户上，以达到诈骗的目的。

二、中奖类诈骗

诈骗分子用伪基站群发短信，告知诈骗对象中奖若干金额，并要求事主回复电话；如果事主回复电话，对方就编造各种理由，让事主相信自己确已中奖。不法分子以要交纳个人所得税、手续费等为名，要求事主将款项汇入其指定的银行账户，以达到诈骗的目的。

三、汇款类诈骗

诈骗分子用手机发短信，冒充诈骗对象的家属或者朋友，编造"亲属出车祸""亲属因某事被公安机关拘留需要拿钱'摆平'"等，要求被害人汇款。

四、手机换号类诈骗

诈骗分子通过植入木马病毒的方式，窃取相关人的手机通讯录，然后以其身份向通讯录中的亲友发送"换号"短信。一旦收到信息的人未加核实而将"新号码"存入手机，骗子接着就会冒充熟人身份以借钱等名义实施诈骗。

微信红包诈骗

● 2016年8月，小邱在一次微信抢红包中，因为误信了一个抢红包链接，导致被骗了数千元。

那天晚上，小邱的微信群里有人发了一个红包链接。写着某某公司，当时他就只想着快点抢到红包，也没在意这个公司是不是真的有，当他点击了"抢红包"，手机上显示抢到了200元钱的现金礼包，他随即点击兑换取现，但系统却要求输入领奖人的姓名、身份证号和银行卡号等信息。小邱就按照链接上的要求，输入了姓名、身份证号码和银行卡号等个人信息。没过几分钟，他就收到网站发来的验证码短信，根据提示，他立即输入了短信中的验证码。

但最后小邱收到的却不是红包，而是银行卡被刷走1000多元的短信通知。

事件分析

在这种红包骗局中，诈骗分子利用各种线上红包活动的火热，把钓鱼链接或木马病毒伪装成红包的样子，企图获得用户的网银信息及验证码等内容以盗窃钱财。这种红包伪装性极强，又存在利益陷阱，极容易让用户上当受骗。

事件预防

1. 需要个人信息的红包不要碰

领取红包时要求输入收款人的信息，比如姓名、手机号、银行卡号等，遇此类"红包"需警惕。因为正规的微信红包一般点击就能领取，自动存入微信钱包中，不需要烦琐地填写个人信息。

2. 分享链接抢红包是欺诈

有些朋友圈分享的红包，比如送话费、送礼品、送优惠券等，点开链接要求先加关注，还得分享给朋友。这种红包涉嫌诱导分享和欺诈用户，点击右上角举报即可。

3. 与好友共抢的红包需谨慎

朋友圈有不少跟好友一起抢红包的活动，要求达到一定金额，比如100块才能提现，玩这种游戏要格外注意红包页面的开发者是否正规。这种游戏很可能只是一种吸引粉丝的骗局。

4．高额红包不可信

单个微信红包的限额是200元，因此如果收到比如"666""888"之类的大红包，基本上可以确定是假的。

5．警惕"AA红包"骗局

业内人士称，此类红包往往对微信AA收款界面进行略微改动，加上"送钱""现金礼包"等字样，让用户误以为是在领红包。

6．拆红包输密码恐有诈

如果有商家或者朋友发来一个微信红包，拆开时要输密码，那就要提高警惕。因为这很可能是假红包，真正的微信红包在拆开时，是绝对不需要输入密码的。还要注意的是，有不法分子效仿"双十一"时一些电商发红包的做法，发布山寨网页，借此收集网友的个人信息，或是通过诱导点击量来增加公众号的阅读量，因此大家最好不要登录不熟悉或者是不正规的网站。

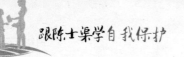

拓展阅读

6大类微信诈骗手法

一是利用代购诈骗

诈骗者声称能进行"海外代购",价格非常优惠,以此为诱饵,打折代购,待顾客付了代购款之后,诈骗分子会以"商品被海关扣下,要加缴关税"等类似的理由要求加付"关税",等顾客付了款,商家就消失了。

二是利用二维码诈骗

诈骗者以商品为诱饵,给顾客返利或者降价,再发送商品的二维码,实则是木马病毒。一旦安装,木马就会盗取顾客的账号、密码等个人隐私信息。

三是盗号诈骗

此种诈骗与盗用QQ号诈骗类似,诈骗者冒充家人联系,并以各种理由要钱。

四是身份伪装诈骗

诈骗者一般装成"高富帅"或者"白富美"搭讪,假称谈恋爱骗取信任后,以借钱、商业资金紧张、手术等为由骗取钱财。有的克隆企业老板的微信号进行诈骗。

五是点赞诈骗

有的商家发布"点赞"信息时,就留了"后手",并不透露商家具体位置,而是写着电话通知,要求参与者将自己的电话和姓名发到微信平台,一旦所征集的信息量够多了,这种"皮包"网站就会自动消失,目的是套取更多人的真实个人信息贩卖。

六是微信假公众号诈骗

诈骗者喜好在微信平台上取类似"交通违章查询"这样的公众号名称,让人误以为这是官方的微信发布号,继而再进行诈骗。

第5章

出行安全

步行需要注意什么？

● 2017年1月15日，3名中学生在等红灯的过程中，突然手拉手加速，企图闯红灯。她们沿着斑马线一路小跑。跑到第三条车道时，被一辆正常行驶的私家车撞倒。万幸的是，3名学生只是不同程度受伤，并没有生命危险。

● 2013年5月2日6点40分左右，小勇吃完早餐出门去上学。同往常一样，跨出家门后，他就边走边掏出手机，玩起了手机小游戏。小勇一边低头玩游戏，一边向公交车站走去。沉浸在手机游戏中的小勇在过马路时眼睛也不愿意从手机上离开，身后响起了一阵持续的"嘀嘀嘀"的喇叭声，他也听不见。好在车辆刚起步，速度慢，且司机刹车及时，被汽车刮倒的小勇除了左手臂瘀青外，没有其他问题。

列举的事件一是为了说明闯红灯的危险性。从幼儿园起，老师就开始教导要等绿灯亮了才可以过马路，我们都知道这个规则，却有人不愿意去遵守。当车流量很小甚

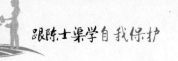

至没有车的时候，有的人心里脆弱的安全底线开始松懈，认为闯红灯没事，但实际上危险总隐藏在意想不到的时候。过马路不闯红灯是对自己安全负责的表现。另外，即使是在绿灯状态下过马路也要小心慢行，切忌过马路时奔跑。大部分十字路口的左拐车辆和直行车辆是同时被放行的，所以过马路的时候一定要注意左拐车辆，不是所有的车辆都会礼让行人的。

事件二则要提醒"小低头族"们专心走路。全球儿童安全组织有一项专门针对千余名青少年的调查显示，半数以上的孩子表示自己曾有过因电子设备而分散注意力的步行行为。听音乐、发微信、玩游戏是过马路时的三大"隐形杀手"，其中听音乐的人数超过四成。数据显示，过马路时戴耳机听音乐，相比注意力集中的步行者，受道路交通事故影响的可能性增加约4.5倍；用社交软件聊天的受道路交通事故影响的可能性增加约3.5倍；玩游戏的受道路交通事故影响的可能性增加约3倍。当人沉浸在手机里，大部分注意力被手机所吸引，就没有更多的注意力放在观察周围环境、判断危险、迅速做出反应上，也就等于把自己置身于一个危险境地而不自知。走路、过马路低头玩手机是非常不负责任的行为，既可能干扰到他人的正常出行，也危及自己的出行安全。

事件预防

1. 过马路时，必须从人行横道、天桥、地下通道及其他行人过街设施通过。切切为了抄近道，翻越道路中间的隔离栏杆。

2. 过马路时一定要按照交通信号灯的指示通行，切勿闯红灯。在没有信号灯的路口，应注意避让通行的车辆，在没有车辆通行的前提下安全通行。

3. 过马路时不要"玩手机"，也不要嬉戏打闹，更不能穷追猛跑，注意左拐车辆，小心慢行。

乘车时
需要注意什么？

事件回放

● 2016年5月11日早上8时许，学校门口送孩子上学的车辆络绎不绝。这时，一辆汽车刚停下，就有一辆载着一家三口的摩托车驶来。摩托车见距离路边有个宽约两米的空当，便插了上去。而此时，汽车上一位学生准备下车，车后门猛然被打开，摩托车被车门撞了一下，当即车翻人倒。一家三口手脚多处擦伤，好一阵才爬起来。双方边各自安排孩子入校上学，边开始理论起来。一时间双方各执一词，各不相让，情绪激动，都无法接受对方处理事情的态度，愤怒之下报警讨公道。最后在警察的调解下握手言和。

事件分析

乘坐私家车时，注意尽量从右侧开门下车，下车前先要观察车辆后方的情况，看是否有行人、车辆正在靠近，确认安全后才可开门下车。开车门时不要直接打开，应先慢慢打开一条缝，以此提醒过往的骑车人门要开了，请注意。如果需要从左侧下

车，可以先让驾驶人确认车辆周围情况。

曾经在网络上很火的"荷式开门法"就能很好地避免"开门撞"事故的发生。所谓"荷式开门法"就是指下车时用距离车门较远的那只手开车门的方法。如果乘客靠右侧下车，就用左手开门，这就需要转动上半身，头和肩也要扭转，很自然的眼睛就能看到车外的情况。

 **事件预防**

独自打车的注意事项

1. 不坐黑车。单独出门尽量乘坐正规营运或网约的交通工具，不论多急、多省钱，切勿乘坐"黑车"。单独乘坐出租车或网约车时，最好要记住车牌号码和司机相貌，并及时将车辆信息告诉亲友。

2. 车上不做"低头族"。很多人上车后就自顾自地玩手机、听音乐，这样的习惯风险很大。如果司机有歹意，把你拉到偏僻地方，你还一无所知。上车要注意观察司机走的路线，发现不对随时提出来。

3. 乘车不露财不高调。夏天乘车衣着不要过于暴露，也不要露出大量钱财。坐车时打开车窗，一遇不测，可及时呼救。同时，呼救要有针对性，不能单呼"救命"，路人会以为在开玩笑。

4. 留意车内服务监督卡。正规出租车内有服务监督卡。上面不仅印有司机本人照片，而且还有司机的姓名、公司名称、车牌号和单位电话等信息，有的卡上还标明了服务承诺，要求驾驶员保持车内卫生、不宰客、不拒载、不甩客和不违章驾驶。

5. 索要车票、牢记车牌。坐车时一定要去正规的汽车站、公交站点或招呼正规出租车、网约车，索要正规车票。上车后、下车时牢记车辆号牌。

另外，还有些机智做法。比如，上车后，故意提高声调打电话给亲友，告知对方自己的乘车车辆信息、线路情况和预计到达时间。这样，可以给心怀不轨的人带来一定的顾虑。倘若与同车乘客或司机发生不愉快，一定要学会克制情绪，避免矛盾激化。选择事后报警或投诉处理，也许会更明智。

乘公交车的注意事项

1. 不要离开自己的座位。校车行驶过程中严禁打闹，车辆在拐弯、刹车时很容易摔倒受伤。

2. 不要在行驶过程中吃东西喝饮料。这样是为了避免行车中的颠簸、遇到急刹车容易导致食物或饮料误入呼吸道。

3. 不要把手伸出车外。这样容易被过往的车辆碰到。

4. 一定要等车辆停稳之后再有序地上下车，不要拥挤。

5. 确认安全后再下车，以免慌忙下车与电动车、自行车相撞。

乘坐地铁注意事项

1. 候车时手或者身体不要扶靠屏蔽门。

2. 地铁提示音响之后不要抢上抢下。

3. 上下车时注意车和站台之间的缝隙，以免发生意外。

4. 切勿阻止车门和屏蔽门的关闭。

5. 在列车运行过程中，不要随意走动。

6. 在任何情况下，严禁擅自进入轨道。如跌落物品至轨道，联系工作人员拾取。

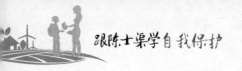

儿童安全座椅的作用

汽车儿童安全座椅对降低交通事故中儿童死亡率或严重受伤率发挥着很大作用。

美国国家公路交通安全管理局的调查显示：1975—2006年，在美国，儿童安全座椅挽救了约8325名儿童的生命；仅2006年，儿童安全座椅就很好地保护了约425名5岁以下儿童。对儿童安全座椅保护效果的研究表明，71%的婴儿（1岁以下）及54%学龄前儿童（1~4岁）由于使用儿童座椅而减少了车祸事故死亡概率。汽车儿童安全座椅在以下状况下可以保护儿童的乘车安全：

1. 前向碰撞或紧急刹车时，能有效阻止儿童身体向前急速运动，避免二次碰撞。

2. 侧向碰撞时，靠背侧翼和头枕侧翼能有效地保护儿童的躯干和头部。

3. 后向碰撞时，靠背和头枕能承托住儿童的躯干和头部，避免儿童颈部损伤。

4. 侧翻时，儿童身体及约束系统只有少许移位，不会松脱。

5. 儿童睡觉时，座椅侧翼能保证儿童身体不会严重歪斜，以免碰撞时受到伤害。

骑车出行
需要注意什么？

事件回放

● 2016年9月27日7时10分，成都市新津县李柏村新沙路路口发生了一起交通事故。一辆载满化肥的大卡车不仅撞到了道路中间绿化带，还撞倒了一名骑自行车的初一学生。当消防员赶到，从侧翻的车厢下救出被困学生时，孩子已经没有了生命体征。

● 2016年5月25日下午，在章丘水寨镇发生了一起车祸，一名骑着自行车的小学生被一辆农用五轮车撞飞出去，昏迷不醒。

● 2016年8月5日凌晨3时30分，两辆电动车在北园高架山大二院附近逆向行驶，一辆由西向东正常行驶的轿车，与其中一辆发生事故，电动车的驾驶人和乘车人一个15岁、一个16岁，受伤严重被送往医院救治。另一辆逆行的电动车也摔倒在地，车上两人受伤不重，到医院包扎后自行离去。

● 2016年7月20日中午12时22分，15岁的王某骑电动车沿宁芜公路由北向南行驶至203国道路口北侧，因疏于观察，撞到了正在过马路的李某，造成李某受伤。经认定，王某承担事故的主要责任，李某承担次要责任。

事件分析

　　很多中小学生早早就学会了骑自行车，有些小孩子也能骑着自行车在小区玩耍。自行车并不难骑，但自行车事故依然不断，其中不乏骑行者自身原因造成的事故。很多学生安全意识薄弱，骑车上路不遵守交通规则，闯红灯、乱穿道路、在机动车道行驶、骑车带人等危险举动常现于街头。骑车姿势也非常随性，扶肩并行、单手撑伞骑车、双手撒把……这些都是不容忽视的安全隐患。

　　另外，很多中学生甚至骑着电动车上下学。近年来涉及电动车的交通事故数量急剧增加，而其中未成年人骑行电动车引发交通事故占有相当高的比例。根据相关法规，未满16岁的未成年人是不允许骑电动车的。未满16岁的孩子身体、心理等方面的条件不适合骑电动车，由于电动车的车速远高于脚踏自行车，而一些未成年人尤其是中小学生因年少好逞强，车速会很快，遇到突发情况时的处置能力也十分有限，很容易酿成交通事故。

事件预防

自行车骑行注意事项

　　1. 不骑没有车闸或没有安全保障的自行车上路。要经常检查自行车轮胎、车闸、链条、车铃的重要部件，有问题要及时修理。

　　2. 不能在人行道、机动车道上骑自行车。在混行道上要靠右边骑车，不得在车道上学习骑自行车。

3. 不得在道路上骑独轮自行车或两人以上骑一辆自行车。

4. 转弯前须减速慢行，向后观望，并伸手示意（向左转伸左手，向右转伸右手），不准突然猛拐。

5. 骑车时，思想要集中，不能听音乐或玩手机。

6. 不要逞能飞车穿行，超越前方自行车时不要靠得太近，不要速度过快，同时在超越前车时，不能妨碍被超车的行驶。

7. 骑车时不要三五成群，并肩骑车，不要互相追逐、竞驶；自行车不得加装动力装置。

8. 不要手中持物骑车，更不要双手离把，逞一时之快。

9. 不要紧随机动车后面骑车，更不要手扒机动车行驶，以免被刮倒。

10. 骑自行车不可带人。因为自行车的车体轻、刹车灵敏度低、车轮很窄，如果带人的话，车子的重量增加，容易失去平衡，遇突发情况易发生事故。

11. 骑自行车横过机动车道时，应下车推行，有人行横道或者行人过街设施的，应当从人行横道或行人过街设施通过；没有行人过道或者不便使用行人过街设施的，在确认安全后直行通过。

12. 通过陡坡、横穿四条以上机动车道、夜间灯光炫目或途中车闸失灵时，须下车推行，但切记不要突然停车，下车前须伸手上下摆动示意，不可妨碍后面的车辆行驶。

13. 青少年骑自行车时不要载较多的物品。

14. 遇雨天，骑车时不要撑伞，可穿雨衣。

电动车骑行注意事项

1. 电动车手在道路上行驶应尽可能远离大型车辆。在道路上与大型车辆或其他车辆方向行驶时，有机非分离的道路，一定要进入非机动车道内行驶，远离这些强悍的

"大家伙"，安全才有保障。

2. 由于受道路客观条件的限制，在一些不分机动车、非机动车车道的道路上，电动车手千万不要与同方向行驶的大型车辆或者其他车辆长时间并排行驶，更不要行驶在大型车辆右侧的后视镜旁前后2～3米的范围并行。因为，这个区域是大型车辆驾驶员的视角盲区。

3. 行驶至路口时，一定要看清楚左侧车辆的行驶动态，不要轻易就左转或变更车道。特别是遇到大型车辆右转弯时，千万不要抢道从其车头前穿行，哪怕是它行驶速度不快，也不能从其车头前穿行。因为，这些大型车辆车体高，电动车矮，大型车辆驾驶人不一定观察到你，盲目抢道是相当危险的。

4. 雨天穿雨衣驾驶电动车时，建议选择颜色鲜艳、质地薄的雨衣，例如可以选择红色或黄色的，这样容易被其他车辆的驾驶人发现；质地薄的雨衣隔音不好，容易听到附近其他车辆的响声。

5. 驾驶的电动车要保证良好的车辆状况，制动灯光和后视镜都要齐备有效。

6. 电动车手也不可酒驾，不得超速行驶。

7. 凡是驾驶大型车辆的司机，在机、非混行的道路上行驶时，也一定要注意观察右侧行驶的电动车和其他非机动车的行驶动态，要与这些车辆保持足够的横向安全距离。特别在转弯时，一定要减速慢行，提前开启右转向灯指示，注意观察后视镜，尽可能利用驾驶人本身可以活动躯体的错位姿势来扩大对视角盲区的观察，确认安全后再转弯。

电动车常见的危险行为

1. 闯红灯

很多人在驾驶电动车时为了抢时间而闯红灯。电动车在过马路的人丛中穿梭，和行人抢道，会导致电动车不慎撞到行人的身上。

2. 随意横穿马路

在道路上，很多电动车本来沿着道路的一侧行驶，但看见道路上车辆减少后，会立即横穿马路，此时，如果有后方车辆快速驶来，往往会导致双方车辆都避闪不及。

3. 任意超载

在大街上，常常可以看到电动车超载的现象，一辆车上挤两个甚至三个人，让过路的行人都捏一把汗。

4. 超速行驶

超速是电动车出事率居高不下的一个重要原因。根据我国《电动自行车通用技术条件》规定，电动自行车最高设计时速不能超过20千米/小时。为符合国家标准，电动自行车上都会安有限速装置。可现实情况中，街上跑的很多电动自行车拆除了限速装置，有的甚至可以跑到40千米/小时，带来安全隐患。

外出旅行
需要注意什么？

事件回放

● 2015年8月13日，海淀工商分局12315中心接待了两位学生模样的消费者，两个人愁眉苦脸地拿着一条"玉石"项链寻求工商部门的帮助。

经了解，两人均为河南安阳人，高二学生，暑假期间来到北京旅游。游览颐和园时，在颐和园附近的某商贸中心购买了一些商品，付款后，该商贸中心工作人员让其参加了抽奖并告诉两位学生中了一等奖"和田碧玉"项链一条，仅需要支付8%的手工费即可。随后，几名工作人员纷纷向两位学生表示项链的品质非常好，这个价格捡了大便宜。在商贸中心工作人员的劝说下，两位学生支付了1640元手工费购买了这条"和田碧玉"项链。拿到项链后，两位学生发现项链的质量非常差，要求退还货款，却遭到商家拒绝。两位学生看到商家非常强硬，无奈只得先行离开，并向工商部门寻求帮助。

事件分析

上述案例中的骗局已经被媒体多次曝光，但由于学生消费者消费经验较少、对社会上的消费骗局了解较少，比较容易上当受骗。所以，学生消费者在购物时应该做到以下4点：

1. 在旅游景区附近购物时，选择正规商场或大型购物中心。

2. 理性购物，按需购买。不要轻信店外拉客等营销手段，理性对待抽奖、亏本大促等促销方式。

3. 在旅游景区购买商品时，保留好付款凭证、发票等票据，票据上应注明购买商品的详细信息以及完整清晰的收款公司名称或盖章。

4. 遇到商品质量等问题与商家产生纠纷的，及时向有关部门寻求帮助。

不管是集体出游，还是两三好友相约旅行，学生除了要了解该地方案件中曾出现的消费骗局，还要特别注意保障自身的安全，从出行前的计划，到出行时的衣食住行都应该注意。关键是出行前要告知家长，并征得他们的同意，在旅途中也不要忘记及时向家里报平安。

事件预防

1. 旅游计划要周密

事先要对旅游目的地有充分的了解，制订旅游的时间、路线、膳宿的具体计划，并带好导游图、有关地图、车船时间表及必需的旅游物品。参加旅游团的也要注意，

虽然你的大部分活动旅行社已经帮你安排好，但是你还是有一部分的自由活动时间，如何充分利用好这部分时间，使自己的行程更加丰富，游玩得更加尽兴，就需要你事先制订出周密的计划。

2．随身带药包

外出旅游的过程中，因为到了陌生的环境，加上舟车劳顿，体质稍差的人肯定会有部分不适感，还有一些旅行的时候难免出现的意外情况，如擦伤、崴脚等，这就需要你事先将一些常用药品放在随身的小药包里，以备不时之需。但是在遇到复杂情况时，一定不要随便用药，需及时就医。

3．旅途注意安全

有时会经过一些危险区域景点，如陡坡密林、悬崖蹊径、急流深洞等，这两年在旅游过程中，在景区中发生的意外情况也比比皆是，因此，在这些危险区域，要尽量结伴而行，时时牢记安全事项，千万不要独自冒险前往。

4．文明礼貌

旅游的过程，基本上都是在自己不熟悉的区域进行，但不可以放松对自己的基本要求。外出旅游的时候，任何时间、任何场合，对人都要有礼貌，自觉遵守公共秩序，避免发生不必要的冲突，影响整个旅途中的旅游心情。

5．爱护文物古迹

每到一地都应自觉爱护文物古迹和景区的花草树木，不在景区、古迹上乱刻乱涂，这既是素质高的体现，也是对自然人文资源的一种爱护。

6．尊重当地民俗

在中国，每个少数民族都有各自不同的宗教信仰和习俗忌讳。俗话说"入乡随俗"，我国在法律上给予了少数民族很多的习俗保护，所以在进入少数民族聚居区旅游时，要尊重他们的传统习俗和生活中的禁忌，切不可忽视礼俗或由于行动上的不慎而引起不必要的冲突，为自己的旅游带来不便。

7．注意卫生健康

每到长假时，都会发现病患人数激增，这些都是在长假时不注意饮食卫生而给身体带来伤害的案例。旅游在外，品尝当地名菜、名点，无疑是一种"饮食文化"的享受，但一定要注意饮食的卫生与健康，切忌暴饮暴食。

8．注意防盗防偷防骗

旅游途中，你会碰上和你一样的游客，也可能会碰上以你为目标的坏人。不要轻信陌生人，不要轻易与陌生人深交，不贪小便宜不贪财，才不会上当受骗。人多拥挤时，保护好自己的财物，以免小偷趁机下手。

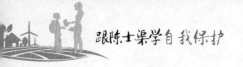

外出旅游注意事项

外出旅游，尤其是独自外出的，从酒店预订到酒店入住都需要格外注意。

1. 要尽量选择相对更安全的酒店。

2. 尽量选择熟悉的和有良好信誉的酒店投宿。

3. 尽量不要到天黑才去酒店登记入住。

4. 避免在公共场合泄露个人信息。

5. 检查门窗、衣柜、洗手间。

6. 手机不要离身，携带充电宝。

7. 不给陌生人开门。

8. 保管好自己的房间钥匙。

9. 尽量不要跟前台起矛盾。

10. 要一张酒店的名片。

11. 身上带够有钱的卡。

客轮倾覆
该如何自救？

 **事件回放**

● 1975年8月4日凌晨0时30分许，在珠江容桂水道蛇头湾河段，广州开往肇庆的红星240客轮与肇庆开往广州的红星245客轮相撞，相继迅速沉没。800名落水乘客中，432人罹难。

● 2015年6月1日21时30分，隶属于重庆东方轮船公司的"东方之星"客轮，在从南京驶往重庆途中突遇罕见强对流天气，在长江中游湖北监利水域沉没。"东方之星"号客轮上共有454人，其中游客403名、船员46名、旅行社工作人员5名。其中成功获救12人，遇难442人。

 **事件分析**

轮船轮渡被认为是第二危险的交通工具，其中管理混乱、恶劣天气和触碰暗礁原因导致的出事概率相对高。据统计，在1990—2011年的22年间，全世界共有79艘邮轮

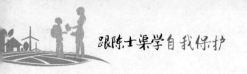

发生火灾。仅2015—2017年间，就有10多艘邮轮起火，其中部分被彻底烧毁。

海上事故比内河事故要多，因海上风浪大，危险系数更高。在广东的事故发生区域中，珠江口水域事故较多，珠三角、西北江水域等内河辖区事故呈上升趋势，粤东、粤西海域的事故呈下降趋势。

事件预防

登船最重要的是知道两件事：救生衣在哪里？逃生路线怎么走？

1. 留意救生设备存放位置和紧急集合点位置

一般情况下，大型船只发生倾覆时，通常不会马上沉没，最初的1～2小时是逃生的关键时间。乘客上船时应当留意救生设备的存放位置和紧急集合点的位置。紧急集合点通常挂有一个四角有箭头的绿色标志。

2. 认真阅读救生守则

按规定，每艘船、每一航班都有进行穿救生衣示范动作讲解；目前，夜游船上电子显示屏演示如何使用救生衣，且在客舱有张贴救生衣的穿戴方法。

最快的逃生路线，不一定是最短的，捷径可能藏有未知的危险。

发生沉船如何自救

1. 被困船舱要找漂浮物

如果被困船舱，尽可能寻找帮助漂浮或可供抓靠的牢固物体。大型船只船舱的进水速度较慢，有可能在较小的密闭空间内形成大气泡，这种气泡可以为乘客提供更多的时间等待救援。

2. 最快速度穿好救生衣

穿好救生衣找到救生圈。若没有救生衣、救生圈的，则应以船身或其他能浮动的物体作为救生用具。人被抛入水中，应该立即抓住船舷并设法爬到翻扣的船底上。

3. 逃往甲板时最好不要乘坐电梯

前往甲板时，要注意避免坠落的物体砸中自己。到达甲板后，尽量靠近有救生船的位置，然后找到自己可以坐的救生船。

4. 越慌乱，越难获救

研究显示，只有15%的人在灾难面前可以保持镇定，70%的人判断力受损，15%的人会彻底失去理智。而大多数客轮和游轮船员训练有素、遵守职业道德，乘客在听从指挥的情况下，顺利逃生的概率更高。

第6章
突发情况

如何避免被
高空坠物砸中？

 事件回放

● 2011年6月，市民郑先生在城关区旧大路被坠落花盆砸伤。

● 2012年8月，一老人被空中飞下的啤酒瓶砸中受伤住院。

● 2013年3月，市民潘先生带着刚刚放学的儿子，途经一写字楼下时，写字楼上掉落的墙砖砸中了孩子头部，孩子被送医院。

● 2015年10月26日12时，大风将陈某某楼上狗棚的木条吹落，砸死了路过的高一女生黄某某。

● 2016年11月11日，一只健身铁球从天而降，楼下婴儿车里一名未满1岁的女婴被砸身亡。

高空坠物已成为一种新的城市公害，威胁着市民生命和财产安全。常见的高空坠物是附在楼体表层的瓷砖及装饰物。近年来，市区很多在建楼房采用涂料粉刷，而一些老建筑表层的瓷砖等附着物因年久失修，经常脱落。一些在建的楼房因为外围防护措施不到位，也会发生高空坠物意外。此外，临街楼体的广告牌、灯箱因安装不牢固、维修不及时，留下安全隐患。

根据科学测算，在重力加速度影响下，一个鸡蛋从25楼抛下，可直接致人死亡；从18楼抛下，可致人头骨碎裂。测算数据显示，假设一个1千克重的花盆从30米高的楼上掉下来，那么这个花盆落地时产生的势能＝物体质量×重力加速度×高度，也就是1千克×9.8米/秒×30米＝294焦耳，相当于600千克物体的重力。理论上，这个重量足以压死任何一个人。

1. 关注警示牌通告。一般经常坠物的路段常贴有警示牌等标志，注意查看并绕行。

2. 尽量走内街。如果行走在高层建筑路段，尽量走有防护的内街，可增加一分安全保障。

3. 大风天外出时，不要紧贴墙面老化的大楼、摆有杂物及有悬挂物的居民楼，不要在广告牌下行走或逗留，以免发生意外。

发生火灾时
如何自救？

 事件回放

● 2008年5月5日，某大学28号楼一女生宿舍发生火灾，着火后，楼内到处弥漫着浓烟，该楼层的能见度更是不足10米。着火的宿舍楼可容纳学生3000余人。火灾发生时大部分学生都在楼内，所幸消防员及时赶到将学生紧急疏散，事故才没有造成人员伤亡。宿舍最初起火部位为物品摆放架上的接线板部位，当时该接线板插着两台可充电台灯，以及引出的另一接线板。该接线板部位因用电器插头连接不规范，且长时间充电造成电器线路发生短路，火花引燃该接线板附近的布帘等可燃物蔓延向上造成火灾。事发后校方在该宿舍楼进行检查，发现1300余件违规使用的电器，其中最易引发火灾的"热得快"有30件。

● 2008年11月14日早晨，某商学院宿舍楼一女生寝室失火，过火面积达20平方米左右。因室内火势过大，4名女大学生从6楼寝室阳台跳楼逃生，不幸当场死亡。失火原因为那间寝室的女生违规用电，用电热棒烧水，水烧干了就起火了。室内没有任何消防通道，4名学生试图从阳台逃生导致死亡。

以上两起案例中，起火原因都是学生在宿舍违规使用大功率电器。其实，在宿舍使用类似"热得快"等大功率电器都是学校禁止的，只是很多学生无视规则，总以为小概率的事情不会发生在自己身上。加之很多学生又缺乏火场自救的能力，一旦发生火灾就乱了阵脚，面对火灾手足无措，以致造成人员伤亡和财产损失。

学生宿舍失火主要原因

1. 不注意用电安全，在宿舍乱拉私接电线，擅自使用大功率电器、违规电器、不安全电器、不达标电器，致使电线过载变热起火。

2. 将电脑、充电器、接线板等放在枕头下或被褥中，用纸罩或衣物遮盖台灯灯具，使用电器长时间不断电等导致火灾。

3. 在宿舍擅自使用煤炉、液化炉、酒精炉、蜡烛等明火引发火灾。

4. 在床上、在宿舍及卫生间等吸烟，乱丢烟头，焚烧杂物引发火灾。

学生宿舍用电注意事项

1. 在使用过程中如发现充电器、台灯等有冒烟、冒火花、发出焦煳的异味等情况，应立即关掉电源开关，停止使用。

2. 遇雷雨天气，停止使用电器，并拔下电源插座，防止遭受雷击。

3. 电脑、风扇、电线、插座、接线板、充电器等用电设备使用时，要做好通风、防水、防潮，远离易燃物，不能置于床铺上或被褥中。

4. 电器使用时间过长会造成险情，使用中要注意让电器适当断电休息，使用完要及时关闭电源；若遇停电，要拔掉插头，来电时要检查线路和电器。

5. 充电器等长期搁置不用，容易受潮、受腐蚀而损坏，重新使用前需要认真检查，充电过程中要有人在场。

6. 使用台灯灯具时，放置位置要安全，不要在灯罩上或其附近放置易燃物品；不要让水珠溅到高热的灯泡上。

7. 手机充电时间过长或边充电边使用手机通话，可能导致手机机身发热，引发燃烧或爆炸事故。

8. 固定式插座只能接一个移动式插座，严禁多个互接；移动式插座必须放在安全的地方，不得靠近被褥、衣服、书本等易燃物品。

9. 当宿舍内的公用电器设施发生故障时，应按程序报有关部门维修；自备电器应由专业人员在断电的情况下进行维修；严禁私自操作。

10. 各种电器用途不同，使用方法也不同，使用前请仔细阅读使用说明书，按照说明书安全使用。

逃生自救方法

1. 平时要了解掌握消防安全知识，做到"四会"（会使用消防器材，会报"119"火警，会扑救初起火灾，会组织疏散逃生）、"四懂"（懂得宿舍火灾的危险性，懂得预防火灾的措施，懂得扑救火灾的方法，懂得逃生疏散的方法）。

2. 火势初起时，立即灭火自救，如受到火势威胁时，要立即撤离火场，要迅速披上浸湿的衣物、被褥并用湿毛巾捂住口鼻，而后弯腰低姿快行向安全出口方向撤离。

3. 火灾袭来时要迅速逃生，不要贪恋财物。

4. 穿过浓烟逃生时，要尽量使身体贴近地面。

5. 身上着火，千万不要奔跑，可就地打滚或用厚重衣物压灭火苗。

6. 遇火灾不可乘坐电梯，要向安全出口方向逃生。

7. 室外着火，门已发烫时，千万不要开门，以防大火窜入室内。要用浸湿的被褥、衣物等堵塞门窗，并泼水降温。

8. 若所有逃生线路被大火封锁，要立即退回室内，用打手电筒、挥舞衣物、呼叫等方式向窗外发送求救信号，等待救援。

9. 不要盲目跳楼，可利用疏散楼梯、阳台、排水管等逃生，或把床单、被套撕成条状连成绳索，紧拴在窗框、铁栏杆等固定物上，顺绳滑下，或下到未着火的楼层脱离险境。

公交车发生火灾时，乘客应该怎么做？

1. 如果火势较小，在能力允许的情况下协助司机灭火，并拨打110、119报警，报警时一定要说清楚起火场所、火势和燃烧物。

2. 发生火灾时不要推挤，开启车门逃生。车门无法开启时，尝试旋转位于前后门上方的红色旋转阀门，或者就近拉开车窗下车。

3. 利用安全锤敲击玻璃的边缘和四角，尤其是上方边缘最中间的位置。

4. 若无安全锤，可寻找一切尖锐而坚固的东西敲击玻璃。如皮带扣或者细跟高跟鞋。

5. 如果火焰封住了车门，而车窗因为人多又不容易下去，可用衣物蒙住头从车门处冲下去。衣服被烧着时，迅速脱下衣服，用脚将衣服的火踩灭；乘客之间可以用衣物拍打或用衣物覆盖火势，或者就地打滚扑灭。

6. 逃出后，如果乘客的衣物着火了，可以用水帮助其扑灭。最好不要使用灭火器对他们直接喷射。

搭乘电梯
需注意什么？

事件回放

● 2016年5月21日上午，北京某购物中心北楼四层，一女童掉入自动扶梯内，致使大腿被割伤。

● 2015年7月26日上午，湖北省荆州市某百货公司手扶电梯发生事故，一名30岁女子因踩到了松动的扶梯踏板，被卷入电梯内不幸遇难。

● 2014年9月14日，某大学内，一栋教学楼的电梯突然出现故障，一名男生被夹卡在轿厢中不幸身亡。

● 2013年7月6日10时30分左右，闸北区恒丰路某工业园区内，发生一幕惨剧，一名8岁女孩被发现坠落在电梯井道底部，不幸身亡。

● 2012年9月22日中午，上海某商厦发生意外。一名湖南籍女游客不慎踏入正在维修的电梯井，径直从六楼坠落至底层，当场不治身亡。

● 2011年7月10日，某市地铁4号线一站台的上行扶梯运行至1/3处后，突然停顿后逆行，扶梯上的乘客猝不及防摔下，造成当时使用扶梯的4名乘客全部受伤。

事件分析

电梯的存在极大地方便了人们的生活，当我们不再为上楼而气喘吁吁时，电梯已经与我们的生活密切联系在一起，上下楼乘坐电梯已经成为一种习惯。但是，近年频发的电梯事故屡见报端，让不少人在乘坐电梯的时候变得格外小心。

而从诸多电梯事故来看，其发生的原因无非两个方面，一是电梯疏于保养，导致电梯的零部件损坏，保护功能失效等；二是乘客不规范使用电梯，随意拍打、踢踹，无视乘梯注意事项，故意在电梯上进行危险的行为。当这两方都被忽视的时候，带来便利的电梯就变成会"吃人"的"铁老虎"。

事件预防

乘坐手扶电梯时谨记以下8点：

1. 系带的鞋子要确保鞋带系紧，穿着宽松的衣服或裙子时，应注意用手拢一下，以防被扶梯挂拽，造成不必要的伤害。

2. 年龄较小的孩子切记要牵住大人的手，不要乱碰，不要在电梯口或自动扶梯上追逐、打闹、攀爬。

3. 头和手不能伸出扶梯，防止在自动扶梯运行过程中被旁边的障碍物碰伤、夹伤。

4. 在乘坐扶梯时应面朝扶梯的运行方向靠边直立站立，手扶扶手，不可倚靠扶手，双脚并拢站在踏板四周黄线以内，防止裤脚边卷入运动的电梯缝隙中。

5. 站在扶梯右侧，留出一侧通行并不科学。因为在扶梯上走动很不安全。在扶梯上尽量不要行走，一级扶梯台阶最多站两个人。如果看见扶梯上人过多，最好走楼梯。

6. 不要在扶梯进出口处逗留，不要在扶梯上来回跑动，不要用脚踢扶梯带板，以免发生危险。

7. 随身携带手提袋等不要放在梯级踏板或手扶带上，以防滚落伤人。

8. 不要跨骑、倚靠扶手带。

乘坐升降电梯时注意以下9点：

1. 电梯门正在关闭时，不要用手、脚等阻止关门。

2. 电梯门没关时，不要伸手伸脚，探头探脑。

3. 不要将携带的物品放在空隙处阻止梯门关闭。

4. 不要反复按按钮或者每层都按。

5. 乘坐电梯时不要用手扒电梯门。

6. 运行过程中不要倚靠在电梯门上。

7. 在电梯里不要使用明火。

8. 搭乘电梯时，不要在乘轿厢内嬉戏、跳动，以免影响电梯正常运转。

9. 火灾、地震发生时，严禁搭乘电梯。

被困升降电梯如何自救

被困电梯时注意事项

1. 不要慌张，保持镇定是进行自救的前提。

2. 用可靠方法联络专业救援。寻找电梯内的对讲装置或求救按钮（一般为红色警铃图案）呼叫相关人员，或用随身携带的手机与外界取得联系。

3. 向外大声呼救，设法引起电梯外人们的注意。用随身的坚硬物品（如鞋子）敲打电梯墙壁效果更好，但应注意呼救动作不宜太大、太勤，防止过度消耗体力。

4. 盲目自救更危险，应等待专业救援。

电梯下坠时最佳自保动作

1. 不论有几层楼，迅速把每层楼的按键都按下，当紧急电源启动时，电梯可以马上停止下坠。

2. 整个背部和头部紧贴电梯内墙，呈一直线，运用电梯墙壁当作脊椎的防护。

3. 如果电梯内有扶手，最好紧握扶手，防止重心不稳而摔伤。

4. 如果电梯内没有扶手，用手抱颈，避免脖子受伤。

5. 膝盖呈弯曲姿势，韧带是人体最有弹性的一个组织，所以可以借由膝盖弯曲承受重击压力。

6. 脚尖点地，脚跟提起，以减缓冲力。

溺水时
该如何自救？

事件回放

● 2016年6月10日，江西乐平市3名男孩的遗体在青峰岭大桥河道附近被发现，经法医鉴定和警方调查，3人是初中生，均为溺水身亡；同一天，广东省揭阳市4名刚参加完高考的学生在水库结伴玩耍时溺水身亡。

● 2016年6月11日，江西省某县二中6名高二学生在敦厚镇车头村禾河边游玩，3名学生不幸溺亡。

● 2016年6月17日，四川省松潘县6名初中生在当地一个天然水潭游泳时发生溺水事故，其中1人获救、5人死亡。据松潘县人民政府应急管理办公室消息，这些学生都是松潘中学初三的学生，事发前刚刚结束中考。

● 2016年6月22日，南昌市某镇3名小学六年级女生溺死在一个砖厂的水坑里。事发前一天，她们刚参加完毕业考试，领了毕业证。

事件分析

　　根据媒体公开报道不完全统计，2016年6月至2017年1月，全国至少有15个省份发生了中小学生溺水事件，死亡人数近百人，可谓高频发生，其中，2人以上群体性溺亡事件更不在少数。河南发生的中小学生溺亡事故最多，至少有10起。梳理这些事件发现，众多溺水悲剧常常发生在农村的江河、池塘等野外水域，而悲剧的主人公往往是父母疏于照看的留守儿童。相比于城市的孩子，农村孩子的课余活动没有那么丰富，便选择在村子附近的河塘、水渠里抓鱼或游泳，而这也给悲剧发生埋下了隐患。可以说，活动场所匮乏、安全监护缺失、家长监护缺位、营救技能缺乏等成为夏季少年儿童溺亡事故频发的主要原因。

　　此外，在这些溺亡事件中，有一些溺亡者是会游泳的，但面对危险时依然不能自救。还有一些人看到同伴落水救人心切，因不掌握救援方法或不具备施救能力，导致死亡人数增加。

事件预防

"六不"防溺水

不私自下水游泳；

不擅自与他人结伴游泳；

不在无家长或教师带领的情况下游泳；

不到无安全设施、无救援人员的水域游泳；

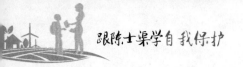
不到不熟悉的水域游泳；

不熟悉水性的不擅自下水施救。

溺水自救

1. 保持镇静，切忌惊慌失措、手脚乱蹬。

2. 落水后立即屏住呼吸，踢掉鞋子，放松肢体，当感觉开始上浮时，尽可能保持仰位，使头部后仰，鼻部露出水面呼吸。

3. 呼吸时尽量用嘴吸气、用鼻呼气，以防呛水。呼气要浅，吸气要深。

4. 如果不会游泳，切勿试图将整个头部伸出水面，这将增加紧张和被动，从而使整个自救功亏一篑。

5. 当救助者出现时，落水者绝不可惊慌失措地去抓抱救助者的手、腿、腰等部位，一定要听从救助者的指挥，否则可能连累救助者的性命。

户外迷路
怎么办？

● 2016年10月5日19时许，深圳110报警中心接到一求救电话，4名高中生"驴友"称在羊台山登山后迷路了，不知如今身在何处。深圳市公安局立即指令南山、龙华、宝安分局安排警力，全力搜救迷路学生。随后，南山、龙华、宝安分局迅速组织警力分多路进山搜救。其中，宝安警方安排了羊台山周边的石岩街道3个派出所的民警进山搜救。

到了晚上22时30分许，民警最终根据求救手机发来的微信定位找到这4名迷路的高中生，他们已经淋成落汤鸡，蜷缩在山坳里。当手电筒的灯光扫过，濒临绝望的4名高中生一起欢呼起来，"警察叔叔来了！警察叔叔来了！"

原来，4人都是深圳龙岗区的高中在校学生，他们当天徒步进羊台山游玩，结果从15时许开始在羊台山南山界迷路，徒步多时仍然找不到出路，食物和水又早已告罄。由于山上信号受阻，他们在山上转了很久，才利用微弱的信号向110报警。

从很多学生参与户外运动所发生的安全事故的案例分析中发现，原因很大程度上是学生的个人主观因素，主要表现在以下6个方面：

1. 安全意识缺乏。"不知道危险那才是最危险的。"这句话讲的就是安全意识的重要性。人家是"明知山有虎，偏向虎山行"，而缺乏安全意识的人们则是"不知山有虎，偏向虎山行"，在这种情况下，参与者就不会有任何应对危险的准备和防备，一旦危险发生，便会因事先没能意识到而手足无措，不能很好地应对问题和解决问题。

2. 心理素质水平较低。很多户外运动都带有一定的探险性，一般是在恶劣的自然环境中进行，所以它就要求参与者具有较强的意志力以及心理承受力，否则将很难在恶劣的野外生存并战胜困难。

3. 经验不足。户外运动中的经验主要是指参与者在陌生环境里的适应能力。绝大部分的在校学生接触户外运动的时间还不长，而且由于经济等因素的影响导致其参与户外运动的频率也不是很高，故其在户外运动经验的积累上还存在严重不足。

4. 团队协调精神缺乏。学生参与户外运动通常采取的是集体出行的方式，而户外的各种不确定因素要求经验不足的他们具备较强的团队协调精神。但一些学生的集体主义观念还不够强，一旦遇上危险，有的只顾自己逃生而脱离集体，最终导致形势更为严峻，而造成安全事故的发生。

5. 户外装备欠缺。精良的户外装备对户外运动来说是必不可少的。装备的不完善或欠缺会给户外运动带来很大的不便。而由于经济能力的限制，多数学生在进行户外运动时，其装备很不精良，甚至可以说是匮乏，由此而造成的户外安全事故也是很多的。

6. 其他（主要指一些自身意外因素，比如滑倒、失足等）。从收集到的学生户外运动安全事故案例中，我们可以看到，其中有很多案例都是由于一些自身意外因素而造成的，摔倒、失足就占了很大比例。

事件预防

1. 在户外活动中每离开一地，必须向友人（他人）告知去向，同时必须约定好联络方式和联络时间。在出发前必须利用指南针等物品准确测定好出发地的方位并将数据记录下来，以便迷途时确定方位。

在途中需要改变线路时，应及时利用一些物体做好标志，以便于搜救人员辨明。比如可利用削去树杈和树叶的树枝指示路线，在途中的大树树干、岩石上刻画出箭头指示方向，还可拾取多个小石子在岔路口摆出箭头标志指示方向。

2. 前往陌生地段前，除了应携带小型强光手电和救生哨等求救工具外，最好带上一块红绸布，可在需要时撕成长条，写上姓名和前往地点等简短信息，绑缚在路途中转折点处的树枝或石块上，供人辨别。

3. 在人烟稀少、人迹罕至的陌生地段一旦迷失方位，在无法判明道路的情况下，千万不要盲目地自寻出路。这时应当原地等待救援，保持清醒的头脑利用地形地貌和一切可利用物搭建简单的庇护场所（尽量选择朝阳处），以便应付恶劣天气，在此过程中不要进行大运动量的操作，避免大量出汗，防止感冒和保持体能。

4. 白天可多收集点潮湿的残枝败叶、杂草，点燃后可借燃烧产生的大量烟尘向外界示警。夜晚可利用强光手电向天空和附近山顶（或者比较醒目的各方位都能够看见

的巨石、独立大树等标志性物体）进行有一定规律的晃动照射，间歇敲击所携带的一切可发出清脆响声的物品向外界报警，在山体上时还可采取不断向山下推落大石头的方法，利用石头滚落产生的动静和声响向外界示警，同时点燃篝火，用于取暖和驱赶蚊虫和兽类。

5. 寻找水源以及合理分配所携带的食物，必要时可采集自己能够辨别的野生植物，尽可能煮熟后食用，别一次性食用太多，以免产生过敏反应。

6. 做好防寒保暖，防止失温的危险。无防寒衣物时可挑选并折取尽可能多的长势茂密的阔叶类树种的枝叶，将身体四周尽可能多地覆盖住（在未携带帐篷的情况下）。如果在阔叶枝叶上覆盖一层针叶枝条防雨效果会更好一些，另外也可根据需要和环境尽量在朝阳处挖一睡袋大小的地坑，能够铺上一些石板最好（有利于蓄热），再将收集到的枝叶、杂草放入地坑燃烧，然后再将草木灰清除，此地坑可供晚间睡眠用。

7. 贸然行动是户外活动的大敌，置身陌生偏远的户外环境，脱离群体单独行动具有相当大的风险，但如果这样的情况发生在自己身上，也应该竭尽所能进行自救。一旦出现确认不了方位而迷失路径的情况，就应当保持头脑冷静，调整好自己的心态，利用可以利用的一切，在救援人员找到自己之前保护好自己。

以下5条都是谣言，不要轻信

1. 你可以吸出被毒蛇咬了之后的毒液

如果毒蛇咬了你之后在你体内留下了毒液，那么它将立即进入血液。将你的嘴放在咬伤处会给伤口带来额外的细菌，还有可能会将毒液吸入嘴巴和食道。如果某个人被毒蛇咬了，请试着让他保持较低的心率，在前往就医的途中让受其影响的肢体低于心脏所在位置。

2. 被熊攻击的时候要一直装死

如果你在森林里看到了一只熊，那么必须尽快离开。如果熊在你家院子里或者在你的露营地周围，请想办法让你自己看起来高大并大叫，也许能将它吓走。但如果你真的被熊攻击了，你的反应应该取决于熊的类型。在遇到黑熊攻击的时候装死无用，打回去才有用。

3. 仙人掌里的液体可以解渴

如果你有经验，能够挑选出可以让你安全过滤出水的桶状仙人掌，那么这种说法没有错。但大部分情况下，仙人掌中的液体会让你生病，甚至让你因为呕吐而脱水。

4. 如果某种动物在吃某样东西，那么你也可以放心吃它

记住：鸟和松鼠能够吃特定的浆果与蘑菇，但这样的浆果和蘑菇却会杀死人类。

5. 如果某个人很冷，就摩擦他的皮肤或者将他放在热水浴缸里

摩擦皮肤会让它受损更严重，热水会给某个长了冻疮或者体温过低的人带来更严重的伤害。你需要慢慢地让这个人暖和起来，最好用毯子或者在他们的腋窝下面放热水袋。

夏季高温如何防暑？

事件回放

● 2016年8月13日，陕西泾阳县某中学一名16岁的少年在军训期间猝死。事发前两天，泾阳县气象局已经发出高温黄色预警，而该学生曾出现中暑症状。在学生猝死当天，泾阳县气象局发布更为严峻的高温橙色预警。

16岁的小磊今年被某中学录取，分配到了高一年级20班。小磊平时身体不错，没什么病。在大家眼中，小磊是一个很强壮的男孩，身高近1.80米，体重85千克左右。

8月6日，67岁的奶奶带着孙子小磊前往学校报名。报完名后，学校要求学生在8月9日中午1点返校，准备军训。9日下午，小磊开始训练。小磊当晚在笔记本上写道："听说今天要军训时，开始感到紧张，甚至有不想去军训的念头，但经过一番思想斗争后，还是决定去体验一下。"

事件分析

人的正常体温一般在36.5摄氏度到37摄氏度左右，体温的这种恒定性，是人体的一种调温机能，而这种机能是靠散热与产热的平衡来维持的。如果天气太热，体内的温度不易散发出去，或者较长时间运动，身体产生的热量急剧增加，身体不能及时发散热量，都可能使体温显著上升，会引起身体的整个机能特别是大脑的机能发生障碍，就可能引起中暑。中暑的常见症状是头疼、头晕、眼发黑、心慌、心跳、气喘、口渴、恶心、皮肤发烫、抽筋，严重的甚至会晕倒，不省人事。

事件预防

在炎热的夏季，气温会逐渐增高，该如何预防中暑？

1. 尽量不要在炎热的中午进行体育活动。因为中午的气温高，在露天的阳光照射下气温可以达到40摄氏度甚至更高。

2. 如果必须在大热天参加运动，可以穿白色的薄的棉质衣服。

3. 在运动过程中增加休息的次数或在阴凉的地方进行运动。

4. 在夏天进行体育锻炼，出汗多，体内的水分和盐分会随着汗水排出，因此每天必须喝1.5至2升水。出汗较多时可适当补充一些盐水，另外夏季人体容易缺钾，使人感到倦怠疲乏，含钾的茶水是极好的消暑饮品。

5. 在运动过后及时用温水洗澡，也能避免中暑。

6. 合理安排作息时间，不宜在炎热的中午及强烈日光下过多活动。有头痛、心

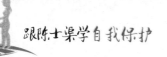
慌时应立即到阴凉处休息。

7. 常备防暑降温药，如十滴水、藿香正气丸、风油精等以防应急之用。外出时的衣服尽量选择棉、麻、丝类的织物，应少穿化纤品类服装，以免大量出汗时不能及时散热，引起中暑。

8. 夏天的时令蔬菜，如生菜、黄瓜、西红柿等的含水量较高；新鲜的水果，如桃子、杏、西瓜、甜瓜等水分含量为80%～90%，都可以用来补充水分。另外，乳制品既能补水，又能满足身体的营养之需。

9. 保持充足的睡眠。夏天日长夜短，气温高，人体新陈代谢旺盛，消耗也大，容易感到疲劳。充足的睡眠可使大脑和身体各系统都得到放松，既利于工作和学习，也是预防中暑的措施。最佳的就寝时间是22时至23时，最佳起床时间是5时30分至6时30分。

选购遮阳伞小妙招

夏天高温天气，除了注意防暑，防晒也不能忽视，这不仅是女生的事情，而且防晒也不只是出于防止自己被晒黑的目的，很多人在夏天不注意防晒导致被晒伤。而提到防晒，遮阳伞就不得不提了，它在夏季受欢迎的程度已经跨越年龄和性别的界限，但并不是称为遮阳伞的都有防晒功能，所以，在选购的时候不妨参考以下几点：

看UPF指数

挑选防晒霜时，我们往往非常在意它的SPF值（防晒指数），而挑选遮阳伞的时候，我们要关注的则应该是UPF（紫外线防护系数）。和SPF值一样，UPF的数值也从小到大不等，数值越小，防晒功能越差。

看材质

目前遮阳伞使用的材质主要有涤纶、缎纹织物、色胶布、特殊棉布、丝光布（变色布）、尼龙布、粘胶等。相比而言，缎纹织物抗紫外线性能最好，涤纶次之，其他的则较差。

看颜色

在同等材质的情况下选择遮阳伞尽可能选择颜色深的，这样紫外线穿透率相对会小一些。当然紫外线的透过率越低，防晒的效果也越好。所以大家不妨选些颜色深的遮阳伞，比如黑色、藏青色、红色等。

看伞布密度

伞布的密度也在很大程度上影响着防紫外线的效果。注意并不是伞布的厚度，而是伞布密度，伞布织得越紧密，透过伞布照进来的阳光（包括阳光中的紫外线）就越少。

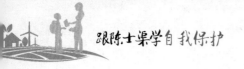
误服药物
如何急救？

事件回放

● 2016年1月15日，放学路上，河南安阳县5名五六岁的孩子误将老鼠药当饮料喝，随后出现抽搐等现象。

● 3岁男孩林林平时是由爷爷奶奶照看的。林林的爷爷有高血压，放降压药的药盒每天都摆在茶几上。2016年3月2日，林林看到老人吃药很好奇，抓起药盒，就往嘴里塞了3片降压药，中毒昏迷。

● 2016年3月21日11时许，来自河北正定的2岁女童涵涵前往白求恩国际和平医院就诊，涵涵疑似误食了一种剧毒药物，出现晕厥现象。

● 2016年3月25日，姐妹俩误食止泻药，3岁妹妹吞食5片后身亡。

● 2016年6月11日，广东佛山一位3岁女童，因误服晕车药致药物中毒，最终抢救无效死亡。

● 2016年8月20日，3岁女孩芳芳误服妈妈服用的一种治疗精神分裂症的药物，导致芳芳沉睡怎么叫也叫不醒。

事件分析

美国波士顿儿童医院比较了2000年至2009年之间，每个月美国国内发生的儿童药物中毒案例数目，以及开给成年人的处方药品数量。统计结果显示，成年人处方药品的增加与儿童药物中毒案例数目增加，两者之间具有重大关联。而面临药物中毒风险最高的孩童，是5岁以下的儿童，其次为13岁至19岁之间的青少年。

事实上，有86.4%的儿童药物中毒发生于家中，导致中毒的原因主要有：一个是家长对药物保管不严，导致孩子误服。有七成家长想起来才检查，或从来不检查家中的药品，近两成的家长选择把成人药和儿童药混放在一起。另一个导致药物中毒的原因则是家长将成人药减量甚至按成人剂量喂给孩子，或者将数种药品混合喂给孩子，却不关心药物的成分，或自行加量，导致药物过量。

事件预防

误服驱蚊药水、止痒药水、止癣药水等外用药。一旦误服这些外用药，立即催吐。可以喝盐水后用手指刺激舌根部引发呕吐，然后再喝大量茶水、肥皂水反复呕吐洗胃。催吐和洗胃后，再喝几杯牛奶和3～5枚生鸡蛋清，以养胃解毒。催吐必须及早进行，若误服时间超过3～4小时，毒物已被肠道吸收，催吐也就失去意义。此外，对于无法主动催吐的药物中毒者，可以将药物中毒者腹部顶在救护者的膝盖上，让头部放低。这时再将手指伸入药物中毒者喉咙口，轻压舌根部，反复进行，直至呕吐为止。如果让药物中毒者躺着呕吐，要侧躺，要防止呕吐物再堵塞喉咙，吐后残留在口

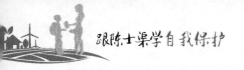
中的呕吐物也要马上清除。

误服感冒药，维生素等。误服了常用的治疗感冒的中成药如连花清瘟胶囊，药性偏凉，如果误服剂量过大，对于脾胃虚弱者可能会引起胃肠不适。但一般人误服一次不会有太大影响，可以适量饮水，加速药物排出。很多维生素片剂形状相似，容易认错，维生素多为人体必需，误服一次也不会导致摄入过量，不必给予特殊处理。另外，误服健胃药、消炎药、止咳糖浆等，都问题不大。

误服与催吐

误服药物的现场急救方法有催吐、洗胃、导泻和灌肠。其中，催吐是急救第一招。而且是在送医院或等急救车到来之前，就应着手进行的。一般来说，除了误服一些特殊药物和液体，都应立即进行催吐。通过催吐，可快速将进入胃内、尚未吸收的药物排出体外，从而达到减轻中毒、缓解症状的目的。

常用催吐方法

最简单的方法是用手指、木筷、羽毛等物品反复刺激患者的咽后壁，引起其反射性的恶心、呕吐；也可让患者喝肥皂水、硫酸铜、吐根糖浆等，这些液体具有催吐的作用。然后，让患者喝清水、生理盐水，每次300~500毫升，尽量稀释患者胃内的误服药物，如此反复多次洗胃和催吐。如果是误服有机磷农药者，要吐到呕吐物不再有农药气味为止。

误服以下药物或液休不能催吐

误服有些药物或液体，如强酸或强碱、酸性洗涤剂、香蕉水、漂白剂、石油、蓄电池液、碱、鞋油、去锈液、汽油、生石灰等，严禁催吐或洗胃，因为这些液体会与水发生剧烈的化学反应，产生大量气体或热量，会造成消化道溃疡、撕裂、穿孔等并发症。正确的急救法是立即让患者口服牛乳、豆浆或蛋清等，以此暂时保护胃黏膜，并急送患者到医院抢救。

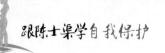

轻微伤口
该如何治疗？

● 来自广州白云区江高镇双岗村的小翟，回想起一次曾经受伤及治疗的经历，至今仍心有余悸。小翟说，当时她在打扫卫生，右手小指不慎被木屑扎了一下，当时扎得挺深，很痛。由于创口不大、出血不多，她自己按一按止血后，也就没太在意，并没有告诉爸妈。

但是两天后，小翟受伤的小指开始红肿，疼痛加剧，这时小翟才告诉自己的爸妈。爸妈马上带她到诊所消炎，但手指的红肿并没有明显减轻，还出现伤口化脓，医生挤出脓液并在伤口换药，不久创口结痂。

然而，事情还没结束。随后小翟感觉全身酸痛乏力，甚至出现了奇怪的症状——吞咽困难、张口咬合无力。爸妈带她去省口腔医院就诊，经过创口培养结果也证实小翟为破伤风感染。

 事件分析

破伤风目前是一种相对少见的疾病，为外伤后感染破伤风杆菌后发病，常与被生锈铁钉、木屑等不干净异物扎伤后创口处理不当有关。发病率很低，但致死率却很高。主要是因为由破伤风菌产生的痉挛毒素很致命。如果伤后未能在24小时内注射破伤风抗毒素，痉挛毒素经血循环到达并结合脊髓前角细胞或脑干的运动神经核，就会引起病人全身无力、张口困难，72小时后出现全身抽搐，肌肉痉挛还会引起呼吸困难、吞咽困难。重症病人可因抽搐窒息、痰堵窒息及后期肺部感染等并发症死亡。

 事件预防

破伤风杆菌在大自然普遍存在，尤其像野外泥土、木屑、下水道、鱼鳞、虾刺、木屑、铁钉等都很容易携带破伤风杆菌。

对于皮肤小伤口的处理，可用3%的双氧水清理伤口或者用碘伏消毒，伤口也不一定需要包扎。敞开伤口也是一种预防破伤风的方法。因为破伤风感染的前提条件须是破伤风杆菌侵入人体伤口且伤口内呈厌氧环境。经过正确的处理，让伤口或者创面形成有氧无菌的环境，可以杜绝破伤风的侵入与繁殖。

另外，如果伤口较深且污染严重，应尽早到医院进行清创和治疗。需要提醒的是，接受过破伤风全程免疫注射的人，一旦受伤，只需再注射一针破伤风类毒素就可起到免疫保护作用。

认识一下破伤风杆菌

破伤风杆菌广泛存在于泥土和动物粪便中，是一种革兰氏染色阳性厌氧性芽孢杆菌。锈钉扎伤、木屑扎伤，是最容易引发破伤风感染的情况，一般要做破伤风免疫治疗。还有就是动物咬伤、开放性骨折、严重烧烫伤等，均可能发生破伤风。但如果仅仅被干净刀片轻轻划破手指，伤口较浅，一般不会引起破伤风。

如果受伤后伤口没有及时进行消毒、清创等处理，破伤风杆菌在生长繁殖时会产生一种外毒素，正是这种毒素引起了破伤风症状。

破伤风的潜伏期平均为6～10天，亦有短于24小时或长达二三十天甚至数月的。病人先有乏力、头晕、头痛、咬肌紧张酸胀、烦躁不安等症状，这些症状一般持续12～24小时，接着出现典型的肌肉强烈收缩。多数患者最早的症状是面部肌肉痉挛，其表现主要是张口困难，咀嚼食物时，双耳前方的肌肉痉挛疼痛。随后，颈项肌、背腹肌、四肢肌群也会出现痉挛、抽搐。患者常常会牙关紧咬，身体不由自主地往后仰。有时，声、光、震动等轻微刺激，就可引起患者剧烈抽搐，严重的还会妨碍正常呼吸，引起缺氧和致死性窒息。

被宠物咬伤
应注意什么?

事件回放

● 2016年7月,内蒙古包头市一名21岁的大学生疑似感染狂犬病而不幸去世。其家人称,6月下旬,他在外出返校途中蹲在路旁系鞋带,一只小狗冲了过来对他狂吠,他用手驱赶小狗时,大拇指划到小狗的牙齿,肉皮虽破但没有出血,因为家庭贫困,他没舍得花钱打狂犬疫苗。

● 2016年8月26日凌晨,山东高密县的一名15岁男孩在青岛市传染病医院死亡,死亡原因就是可防不可治的狂犬病,从病发到死亡,只有1天左右的时间。男孩是1年前被家里养的宠物狗咬伤的,当时只划破右手虎口上的皮肤,男孩母亲也没当回事。孩子走了,他的母亲却陷入了巨大内疚和自责当中,"如果当时我不是心疼那几百块钱没给孩子打疫苗,儿子就不会走了……"

事件分析

狂犬病是由狂犬病病毒引起的一种动物源性传染病，每年的7~9月是狂犬病的高发季节。狂犬病病毒主要通过破损的皮肤或黏膜侵入人体，狂犬病从感染到发病有一段潜伏期，时长从5天至数年（通常2~3个月，极少超过1年）。发病时，常出现低热、周身不适和恐惧感，很快出现兴奋、怕水、怕光、怕风等症状，有些患者还会一反常态，1~3天后由兴奋到麻痹，呼吸困难，四肢瘫痪，最后因呼吸循环衰竭而死亡，从发病到死亡很少超过6天。

据介绍，每年6~9月是宠物伤人的高峰期。春季是猫、狗等动物的发情期，就是平时看似温驯的小猫、小狗，此时的攻击性也会变强。而且动物学家已证实，夏季气温达30摄氏度以上的闷热天气，猫狗"心情中暑"的情况就会增加，会显示出较强的攻击性。人们夏季穿着单薄，暴露在外的皮肤较多，被宠物攻击而受伤的概率大大增加。

狂犬病之所以可怕，是因为目前针对狂犬病还没有有效的临床治疗方法，人一旦发病，病死率几乎为100%。

事件预防

不小心被狗、猫咬伤、抓伤后不要慌张，应该在第一时间内对伤口或暴露部位进行彻底冲洗和消毒处理。局部伤口处理越早越好，应该用流水、最好用20%的肥皂水或其他弱碱性清洁剂冲洗15分钟以上，做到全面、彻底的冲洗。最好进行消毒处理，比如用碘酒（碘伏）或浓度为75%的酒精涂擦伤口，这样可以最大限度地降低伤口内病毒含量，处理越早，风险越小，同时应最快赶到专业医院进行狂犬疫苗接种。此外，如果被狗或其他动物咬伤，伤口较深、污染严重者可以酌情进行抗破伤风处理和使用抗生素等，以控制狂犬病病毒以外的其他病毒感染。

那么，接种狂犬病疫苗有什么要注意的事项呢？

狂犬病疫苗接种应当越早越好，建议24小时内及时到医院注射狂犬病毒疫苗。同时，接种狂犬病疫苗无禁忌症，少数人可能出现局部红肿、硬结等，一般不需做特殊处理。正在进行计划免疫接种的儿童，可按照正常免疫程序接种狂犬病疫苗。

采用五针法接种狂犬疫苗的，需在28天内严格按时间接种。接种狂犬疫苗应尽量在同一门诊接种，全程接种中尽量不要混用不同品牌的疫苗，当遇到不可避免的情况时，可以换用不同品牌的疫苗。接种狂犬疫苗后要注意，忌饮酒、浓茶等刺激性食物及剧烈运动等。

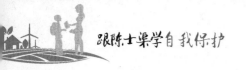

狂犬病及其预防小科普

问：被狗咬伤，就肯定会得狂犬病吗？

答：不一定，有学者统计发现，就是被真正的感染狂犬病的犬或其他动物咬伤，且没有采取任何预防措施，结果也只有30%～70%的人发病。

被感染狂犬病的犬咬伤后是否发病有很多影响因素

1. 要看进入人体的狂犬病病毒的数量多少，如果狗咬人时处于发病的早期阶段，它的唾液中所带的狂犬病病毒就比处于发病后期时少。

2. 咬伤是否严重也影响被咬的人是否发病。大面积深度咬伤就比伤口很小的浅表伤容易发病。

3. 多部位咬伤也比单一部位咬伤更容易发病，且潜伏期较短。

4. 被咬伤后正确及时地处理伤口，是防治狂犬病的第一道防线，如果及时对伤口进行正确处理和抗狂犬病暴露后治疗，则可大大减少发病的危险。

5. 通过黏膜感染发病较咬伤皮肤感染发病少，而且病例较多呈抑郁型狂犬病。

6. 被感染狂犬病的动物咬伤头、面和颈部等靠近中枢神经系统的部位或周围神经丰富的部位，较咬伤四肢者的发病率和病死率要高。

7. 抵抗力低下的人较抵抗力强的人更易发病。

发生触电事故
该怎么办？

 事件回放

⚫ 2016年5月10日，广西柳州一网吧内，一位18岁的高中学生申某在上网，用手机接入电脑充电时，突然触电，该学生当场被电倒，不省人事。120赶到时，该学生已不治身亡。

⚫ 2016年6月14日上午，四川省广安市1名高二学生上完厕所后在走廊触电身亡。

⚫ 2016年8月7日晚，徐州某学院3名学生在校内通过积水路段时，先后触电倒地，在被送到医院抢救过程中，两人抢救无效死亡，一人暂无生命危险。经核查初步确认，是由地下电线经暴雨浸泡漏电，学生在积水处触电而致。

⚫ 2016年9月7日上午，扬州市区一职业学校发生一起意外事故。1名学生在做实验准备工作时，突然有学生将电闸刀推上，做实验的学生不幸触电晕倒，随后被紧急送往医院抢救。

事件分析

触电是生活中较常见的一种意外情况。人体具有导电性，当通过人体电流量较小时，人体不会有不良反应，对人体的影响也较小，但是当通过人体的电流量达到一定量的时候就会出现不良反应。如果电流流量达到20毫安以上时，对人体的伤害就会较大了，有可能会出现呼吸不正常，心脏也会发生异常，再严重会导致休克，或者发生烧伤，甚至会导致死亡。所以在用电的时候一定要做到小心谨慎、安全至上。

事件预防

随着生活水平的不断提高，生活中用电的地方越来越多了。因此，青少年有必要掌握以下最基本的安全用电常识：

1. 认识了解电源总开关，学会在紧急情况下关断总电源。

2. 不用手或导电物（如铁丝、钉子、别针等金属制品）去接触、探试电源插座内部。不用湿手触摸电器，不用湿布擦拭电器。

3. 电器使用完毕后应拔掉电源插头；插拔插头时勿用力拉拽电线，以防止电线的绝缘层受损造成触电；电线的绝缘皮剥落，要及时更换新线或用绝缘胶布包好。

4. 发现有人触电时要设法及时关断电源；或者用干燥的木棍等物将触电者与带电的电器分开，不要用手去直接救人；年龄小的孩子遇到这种情况，应呼喊成年人相助，不要自己处理，以防触电。

5. 不随意拆卸、安装电源线路、插座、插头等。哪怕安装灯泡等简单的事情，也要先关掉电源，并在家长的指导下进行。

紧急救护小常识

当看到有人触电时，需沉着应对。首先，使触电者与电源分开，然后根据情况展开急救。越短时间内开展急救，触电者被救活的概率就越大。遇到触电事故，我们应该这样采取急救措施。

使人体和带电体分离

1. 关掉总电源，拉开闸刀开关或拔掉熔断器。

2. 如果是家用电器引起的触电，可拔掉插头。

3. 使用有绝缘柄的电工钳，将电线切断。

4. 用绝缘物从带电体上拉开触电者。

急救现场救护

触电者脱离电源后，如果神志清醒，应当使其安静休息；如果严重灼伤，应送医院诊治。如果触电者神志昏迷，但还有心跳呼吸，应该将触电者仰卧，解开衣服，以利呼吸；周围的空气要流通，要严密观察，并迅速请医生前来诊治或送医院检查治疗。如果触电者呼吸停止，心脏暂时停止跳动，要迅速对其进行人工呼吸和胸外按压。

第7章
自然灾害

发生地震
如何避险？

事件回放

● 2008年5月12日14时28分04秒，四川省阿坝藏族羌族自治州汶川县映秀镇与漩口镇交界处发生地震。"5·12"汶川地震波及大半个中国及亚洲多个国家和地区，北至辽宁，东至上海，南至香港、澳门、泰国、越南，西至巴基斯坦均有震感。

"5·12"汶川地震严重破坏地区超过10万平方千米，其中，极重灾区共10个县（市），较重灾区共41个县（市），一般灾区共186个县（市）。截至2008年9月18日12时，"5·12"汶川地震共造成69227人死亡，374643人受伤，17923人失踪，是中华人民共和国成立以来破坏力最大的地震，也是唐山大地震后伤亡最严重的一次地震。

经国务院批准，自2009年起，每年5月12日为全国"防灾减灾日"。

事件分析

地震是地壳快速释放能量过程中剧烈震动，期间产生地震波的一种自然现象。可

分为构造地震（占95％）、火山地震和陷落地震。地震所引起的地面振动是一种复杂的运动，它是由纵波和横波共同作用的结果。在震中区，纵波使地面上下颠动，横波使地面水平晃动。由于纵波传播速度较快，衰减也较快，横波传播速度较慢，衰减也较慢，因此离震中较远的地方，往往感觉不到上下跳动，但能感到水平晃动。

地震具有一定的时空分布规律。我国地处环太平洋构造带与地中海喜马拉雅构造带交汇部位，地壳活动剧烈，是世界上地震最严重的地区之一。除浙江、贵州两省外，各省都发生过6级以上地震。

事件预防

1. 发生地震时不要恐慌。破坏性地震从人感觉震动到建筑物被破坏平均只有12秒钟，应根据所处环境迅速做出保障安全的选择。如果住的是平房，应迅速跑到门外空旷处，用被子、枕头、安全帽护住头部。如果是楼房，应立即切断电闸，关掉煤气，躲避到卫生间、厨房、储藏室等狭小空间，或承重墙旁（注意避开外墙）。

2. 公共场所先找藏身处。学校、商店、影剧院等人群聚集的场所如果遇到地震，最忌慌乱，应立即躲在课桌、椅子或坚固物品下面，待地震过后再有序地撤离。不要拥向出口，注意避开吊灯、电扇、空调等悬挂物，以及商店中的玻璃门窗、橱窗、高大的摆放重物的货架。

3. 远离危险区。如在街道上遇到地震，应用手护住头部，迅速远离楼房，到街心一带。如在郊外遇到地震，要注意远离山崖、陡坡、河岸及高压线等。正在行驶的汽车和火车要立即停车。

4. 被埋要保存体力。如果震后不幸被废墟埋压，要尽量保持冷静，设法自救。无法脱险时，要保存体力，尽力寻找水和食物，创造生存条件，耐心等待救援。

地震自救小常识

大地震后很有可能会有余震，且余震位置未必是震源很近的位置，所以自救是地震后很重要的措施之一。

地震发生时，至关重要的是要保持头脑冷静。只有镇静，才有可能运用平时学到的防震知识并判断地震的大小和远近。近震常以上下颠簸开始，之后才左右摇摆。远震却少上下颠簸感觉，而以左右摇摆为主，而且声脆，震动小。一般小震和远震不必外逃。虽然人类还不能完全避免和控制地震，但是只要能掌握自救、互救技能，就能使灾害降到最低限度。总结地震自救有以下几点：

保持镇静。在地震中，有人观察到，不少无辜者并不是因房屋倒塌而被砸伤或挤压伤致死的，而是由于精神崩溃，失去生存的希望，乱喊、乱叫，在极度恐惧中扼杀了自己。这是因为，乱喊乱叫会加速新陈代谢，增加氧的消耗，使体力下降，耐受力降低；同时，大喊大叫，必定会吸入大量烟尘，易造成窒息增加不必要的伤亡。正确态度是在任何恶劣的环境，始终要保持镇静，分析所处环境，寻找出路，等待救援。

止血、固定。砸伤和挤压伤是地震中常见的伤害。开放性创伤，外出血应首先止血并抬高患肢，同时呼救。对开放性骨折，不应做现场复位，以防止组织再度受伤，一般用清洁纱布覆盖创面，做简单固定后再进行运转。不同部位骨折，按不同要求进行固定。并参照不同伤势、伤情进行分类、分级，送医院进一步处理。

妥善处理伤口。挤压伤时，应设法尽快解除重压，遇到大面积创伤者，要保持创面清洁，用干净纱布包扎创面，怀疑有破伤风感染时，应立即与医院联系，及时诊断和治疗。对大面积创伤和严重创伤者，可口服糖盐水，预防休克发生。

洪涝灾害
如何避险？

事件回放

● 2016年6月11日，南方部分地区降雨过程持续，引发洪涝、风雹灾害。根据6月14日9时统计，浙江、安徽、江西、湖南、广东、广西、云南7省（自治区）32市（自治州）62个县（市、区）50.8万人受灾，2人死亡，3人失踪，1.2万人紧急转移安置，4800余人需紧急生活救助；1400余间房屋倒塌，2700余间不同程度损坏；农作物受灾面积42.8千公顷，其中绝收5.6千公顷；直接经济损失4.5亿元。

截至2016年7月3日，全国有26省（区、市）1192县遭受洪涝灾害，因灾死亡人数186人、失踪45人，直接经济损失约205亿元。

2016年汛期，南方地区出现了20次区域性暴雨过程，为历史同期最多；全国有155个县（市）累计降水量突破历史极值。

事件分析

洪涝是因降雨过多或强度过大（暴雨或大雨），引起江河决堤、山洪暴发、淹没田地、毁坏建筑、人员伤亡的水灾。

中国自古就是洪涝灾害严重的国家。据不完全统计，在前206—1949年的2155年间，共发生较大水灾1092次，死亡万人以上的水灾每5～6年即出现一次。我国洪涝发生频繁，强度大，长江中下游、黄淮海、辽河下游和华南地区尤为严重，每年4～9月是各主要河流的防汛时期。

事件预防

洪水来时的自救措施

1. 如时间充裕，应该向山坡、高地等处转移。当来不及转移时，应立即爬上屋顶、大树等高的地方暂时避险，等待救援。

2. 在洪水包围的情况下，要尽可能利用体积大的容器，如油桶、储水桶、空的饮料瓶、木酒桶或塑料桶、足球、篮球、树木、桌椅板凳、箱柜等质地好的木质家具等作为临时救生品，做水上转移。

3. 一旦房屋进水，应立即切断电源及气源。

落水自救措施

1. 万一掉进水里，不要慌张，尽量让身体漂浮在水面，头部浮出水面，大声呼救。

2. 踩水助游，抓住身边漂浮的任何物体。

3. 如不会游泳，应面朝上，头向后仰，双脚交替向下踩水，手掌拍击水面，让嘴露出水面，呼出气后立刻使劲吸气。

4. 如果在水中突然腿抽筋，可深吸一口气潜入水中，伸直抽筋的那条腿，用手将

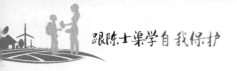
脚趾向上扳，以解除抽筋。

其他注意事项

1. 远离电线杆、高压线塔，避免发生触电，危及生命。

2. 注意暴雨引发的其他次生灾害情况，如山体滑坡、泥石流等。

3. 时刻关注当地广播、电视等媒体发布的洪水信息。保持与外界通信联系，选择最佳撤离路线。

4. 准备一些必要的食品和应急物品。如药品、取火物品、保暖衣物、饮用水等。

解读厄尔尼诺现象

2016年，中国南方地区洪涝灾害的发生与厄尔尼诺现象有关，那厄尔尼诺现象到底是什么？

厄尔尼诺现象，是秘鲁、厄瓜多尔一带的渔民用以称呼一种异常气候现象的名词。主要指太平洋东部和中部的热带海洋的海水温度异常地持续变暖，使整个世界气候模式发生变化，造成一些地区干旱而另一些地区又降雨量过多。

对于中国来说，厄尔尼诺易导致暖冬，南方易出现暴雨洪涝，北方易出现高温干旱，东北易出现冷夏。比起单纯的气温变化，这种极端天气更容易引发危险。对中国气候的影响主要有以下几点：

1. 台风减少。西太平洋热带风暴（台风）的产生次数及在我国沿海登陆次数均较正常年份少。

2. 夏季风较弱，季风雨带偏南，位于中国中部或长江以南地区。北方地区夏季容易出现干旱、高温，南方易发生低温、洪涝。近百年来我国的严重洪水，如1931年、1954年和1998年长江中下游地区的洪水，都发生在厄尔尼诺现象出现的次年。

3. 厄尔尼诺现象发生后的冬季，我国北方地区容易出现暖冬。

雨雪冰冻天
应注意什么？

事件回放

● 2008年1月10日—2月2日，我国南方地区接连出现4次严重的低温雨雪天气过程，致使我国南方近20个省（自治区、直辖市）遭受历史罕见的冰冻灾害。

● 2008年1月12日，湖南长沙飘落了2008年的第一场雪，与此同时，湖北武汉的一些老居民楼区经常发生水管冻裂事故。在第一场雪还没有完全融化的时候，第二次暴雪又再次降临，从1月18日开始，第二次冷空气自西向东推进，这与往年相比显得十分反常。从1月25日—2月2日，第三次、第四次暴雪接踵而来。第三次降雪是这次低温雨雪灾害的转折点。对于湖北、湖南来说，从1月中旬开始的恶劣天气持续之长为百年一遇，江西出现59年来最严重低温雨雪天气，贵州有49个县持续冻雨的日子突破了历史纪录，安徽持续降雪24天，是中华人民共和国成立以来最长的一次。

灾害的突然出现，使得交通运输、能源供应、电力传输、农业及人民群众生活等方面一时间受到极为严重的影响。此次灾难最终导致1亿多人口受灾，直接经济损失达540多亿元。

 事件分析

雨雪冰冻灾害主要发生在冬季，但秋冬交替和冬春交替之际偶尔也会出现。这种气象灾害是由降雪（或雨夹雪、霰、冰粒、冻雨等）或降雨后遇低温形成的积雪、结冰现象。

 事件预防

冰冻、雨、雪天气应及时添加衣物，加强防寒保暖措施，雨雪天气出行要提高交通安全意识、注意安全防范。

1. 防滑：雨雪天气造成路面湿滑，因此，应注意出行安全，防止意外跌倒。宁可踩在厚厚的积雪上也要避开浮冰和积水，不要因为湿滑就蹭着走反倒容易滑倒，跟滑冰是一个道理，尽量抬起脚，实在地踩下去，这样就减少了鞋底和地面的向前摩擦力，会大大降低摔倒的可能性。

2. 防摔：建议平常骑自行车上学的，选择步行或者公共交通出行。

3. 防砸：由于部分地区降雪较大，树木存在被压倒的危险，行人应该尽量远离树木等高处建筑，谨防因坍塌被砸伤。

4. 防坠：大雪天气，要注意远离广告牌、临时建筑物、车棚、大树、电线杆、高压线铁塔，否则一旦被雪压垮，后果很严重。不要站在屋檐下，因为从高处掉落的冰溜，其危险性和杀伤力不亚于刀剑，即使因为融雪掉下的雪块，也很危险，所以通过桥洞和屋檐时要小心观察，或者绕道而行。

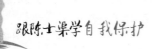

5. 走路要靠马路两边，防止被侧滑的车碰倒或因着急躲车而滑倒。

6. 走路速度不要太快，穿平跟鞋、软底鞋或雪地鞋，最好是防滑鞋或旅游鞋，切勿穿硬塑料底鞋，女生尤其不宜穿光底的高跟鞋或松糕鞋。

7. 如果突然摔倒，尽量别用手腕去支撑地面，因为这种摔倒的姿势最容易造成手臂骨折。也不要急着起来，先检查一下身体哪些部位疼痛。一旦摔倒发生骨折，切不可乱揉乱动，应用围巾、书本等工具固定好骨折部位，请求他人帮助，立即到附近医院治疗。

8. 冬季是呼吸道疾病的高发季节。在冬季应适当减少户外活动时间，注意防寒保暖，室内保持经常通风。

9. 大雪天外出，要选择鲜艳的衣服。下雪会影响司机的视线，看不清道路上的情况，所以行人尽量不要穿白色或者浅灰色的衣服，应该选择红色等色彩鲜艳的外套，这样容易被发现，司机能够及时采取措施。

10. 行人撑伞不要遮住眼睛，走路不要只盯着路面，还要注意前方以及左右方向的来车。

选一个"暖贴"过冬天

冰冻雨雪天，往往伴随着难耐的低温，所以很多女生在冬天会使用暖贴取暖。在购买暖贴时要格外注意，以防买到不合格产品，在使用的时候，则要防止低温烫伤。

低温烫伤是指长时间接触温度比体温要高的低热物体而引起的烫伤。比如接触70℃的温度持续一分钟或者接触近60℃的温度持续五分钟以上时，就会引起烫伤。如果暖贴温度高而放置时间长时，也会引起烫伤。被低温烫伤时，皮肤的表面会有红斑、水泡等症状。低温烫伤是在不知不觉的情况之下慢慢地侵入肌肤而烫伤肌肤的表面和肌肤的深部，在冬季高发。

被低温烫伤的人，一般是晚上睡觉不易苏醒的人或感觉迟钝的人，以致发生烫伤还不自觉，有的烫伤到了很严重的程度才被发现。为防止低温烫伤，不要压迫放置暖贴的部位，不要长时间放置暖贴于同一部位，睡觉时不要贴身使用暖贴。

雾霾天
应如何防护？

事件回放

● 2013年，"雾霾"成为年度关键词。这一年的1月，4次雾霾过程笼罩30个省（自治区、直辖市），在北京，仅有5天不是雾霾天。有报告显示，当时世界上污染最严重的10个城市有7个在中国。

到2015年，尤其是年初年尾全国性的雾霾天密集出现。整个2015年，北京有179个污染天，在11月底发布年内首个空气重污染橙色预警之后，紧接着的12月8日又发布了有史以来第一次霾红色预警，并于10天后的12月18日，二次发布霾红色预警。

毗邻北京的河北省在2015年11—12月内出现了4次持续性、大范围的雾霾天气，发生范围占全省75％以上；而辽宁省沈阳市在2015年11月也遭遇了6级严重雾霾污染，全市PM2.5均值一度达到1155（微克/立方米），超过爆表值（500）2倍多。

事件分析

雾霾天气是一种大气污染状态，是对大气中各种悬浮颗粒物含量超标的笼统表述，尤其是PM2.5（空气动力学当量直径小于等于2.5微米的颗粒物）被认为是造成雾霾天气的"元凶"。随着空气质量的恶化，阴霾天气现象增多，危害加重。中国不少地区把阴霾天气现象并入雾一起作为灾害性天气预警预报，统称为"雾霾天气"。

事件预防

1. 雾霾天气少开窗。雾霾天气不主张早晚开窗通风，最好等太阳出来再开窗通风。

2. 外出戴口罩。如果外出可以戴上口罩，这样可以有效防止粉尘颗粒进入体内。口罩以棉质口罩最好，因为一些人对无纺布过敏，而棉质口罩一般人都不过敏，而且易清洗。外出归来，应立即清洗面部及裸露的肌肤。

3. 适量补充维生素D。冬季雾多、日照少，由于紫外线照射不足，人体内维生素D生成不足，还会产生精神懒散、情绪低落等现象，必要时可补充一些维生素D。

4. 饮食清淡多喝水。雾天的饮食宜选择清淡易消化且富含维生素的食物，多饮水，多吃新鲜蔬菜和水果，这样不仅可补充各种维生素和无机盐，还能起到润肺除燥、祛痰止咳、健脾补肾的作用。少吃刺激性食物，多吃些梨、枇杷、橙子、橘子等清肺化痰食品。

5. 最好不出门，不要晨练。雾霾天气是心血管疾病患者的"健康杀手"，尤其是有呼吸道疾病和心血管疾病的老人，雾霾天最好不出门，更不宜晨练，否则可能诱发疾病，甚至心脏病发作，引起生命危险。

6. 深层清洁。人体表面的皮肤直接与外界空气接触，很容易受到雾霾天气的伤害。尤其是在繁华喧嚣的都市中，除了随时要应对雾霾危"肌"外，由于建筑施工、

汽车尾气、工业燃料燃烧、燃放烟花爆竹等原因造成悬浮颗粒物多，难免会堵塞在毛孔中形成黑头，造成毛孔阻塞、角质堆积、肌肤起皮等肌肤问题，所以自我保护的首要措施就是及时深层清洁肌肤表层，清洁毛孔。

拓展阅读

雾霾与疾病

雾霾对人体健康产生影响，易引发以下几种疾病：

支气管哮喘

雾霾天气时，空气中的可吸入颗粒物往往会带有很多细菌和病毒，易导致传染病扩散和多种疾病发生，而在大城市中空气不容易扩散，这又加大了二氧化硫、一氧化碳、氮氧化物等物质的毒性，将会危及人的生命和健康，空气中浮着粉尘、烟尘，尘螨也可能悬浮在雾气中，支气管哮喘患者吸入这些过敏源，就会刺激呼吸道，出现咳嗽、闷气、呼吸不畅等哮喘症状。

结膜炎

专家介绍，雾霾天空气中的微粒附着到角膜上，可能引起角、结膜炎，或加重患者角膜炎、结膜炎的病情。角膜炎、结膜炎患者明显增多，有老年人、儿童，同时也有整天对着电脑的上班族。症状大致一样：眼睛干涩、酸痛、刺痛、红肿和过敏。

小儿佝偻病

中国疾控中心环境所开展了雾霾对人体健康的影响研究。初步研究发现：霾天气除了引起呼吸系统疾病的发病或入院率增高外，还会对人体健康产生一些间接影响。霾的出现会减弱紫外线的辐射，如经常发生霾，则会影响人体维生素D合成，导致小儿佝偻病高发，并使空气中传染性病菌的活性增强。

发生泥石流
如何避险？

事件回放

● 2002年2月17日，印度尼西亚发生严重泥石流事件，7人死亡多人受伤。

● 2002年6月17日，暴雨引发四川省洪灾及泥石流。

● 2002年8月19日，云南省新平市发生泥石流，死亡人数达33人，3000多人参与抢险。

● 2008年11月4日，云南省泥石流致35人死亡，107万多人受灾。

● 2010年8月7日22时许，甘肃省甘南藏族自治州舟曲县突降强降雨，县城北面的罗家峪、三眼峪泥石流下泄，由北向南冲向县城，造成沿河房屋被冲毁，泥石流阻断白龙江，形成堰塞湖。

● 2010年8月11日18时至12日22时，甘肃省陇南市境内突发暴雨，引发泥石流、山体滑坡等地质灾害，致使多处交通路段堵塞，电力通信设施中断，机关单位、厂矿企业和居民住房进水或倒塌。

● 2013年7月甘肃天水市发生泥石流，24人遇难1人失踪。

事件分析

　　泥石流是指在山区或者其他沟谷深壑、地形险峻的地区，因为暴雨暴雪或其他自然灾害引发的挟带有大量泥沙以及石块的特殊洪流。泥石流是介于流水与滑坡之间的一种地质现象。典型的泥石流由悬浮着粗大固体碎屑物并富含粉沙及黏土的黏稠泥浆组成，具有突然性、流速快、流量大、物质容量大和破坏力强等特点。

　　另外，泥石流发生的时间具有规律性。

　　一是季节性。我国泥石流的暴发主要是受连续降雨、暴雨，尤其是特大暴雨集中降雨的激发。因此，泥石流发生的时间规律与集中降雨时间规律相一致，具有明显的季节性。一般发生在多雨的夏秋季节。因集中降雨的时间的差异而有所不同。四川、云南等西南地区的降雨多集中在6—9月，因此，西南地区的泥石流多发生在6—9月；而西北地区降雨多集中在6、7、8三个月，尤其是7、8两个月降雨集中，暴雨强度大，因此西北地区的泥石流多发生在7、8两个月。据不完全统计，发生在这两个月的泥石流灾害约占该地区全部泥石流灾害的90%以上。

　　二是周期性。泥石流的发生受暴雨、洪水的影响，而暴雨、洪水总是周期性地出现。因此，泥石流的发生和发展也具有一定的周期性，且其活动周期与暴雨、洪水的活动周期大体相一致。当暴雨、洪水两者的活动周期与季节性相叠加，常常形成泥石流活动的一个高潮。

 **事件预防**

1. 在沟谷内逗留或活动时，一旦遭遇大雨、暴雨，要迅速转移到安全的高地，不要在低洼的谷底或陡峻的山坡下躲避、停留。

2. 注意观察周围环境，特别留意是否听到远处山谷传来打雷般声响，清水是否瞬间变浑浊，如听到或看到就要高度警惕，这很可能是泥石流将至的征兆。

3. 尽量逃到开阔地带。发生泥石流时，一定要设法从房屋里跑出来，到开阔地带，尽可能防止被埋压，来不及逃离时，可就近躲在结实的障碍物下面或者后面，如山洞、大树等，或者蹲在地沟、坎下避让，并要特别注意保护好头部。

4. 选择垂直方向逃生。在逃生自救过程中保持沉着冷静，要果断地判断出安全路径逃生，千万不能往山沟下游跑，路径要与泥石流的方向保持垂直。

5. 远离地势空旷地带。逃生过程中，可以就近选择树木生长密集的地带逃生，密集的树木可以阻挡泥石流的前进，切勿往地势空旷，树木生长稀疏的地段跑。

6. 切勿盲目返回住地。在泥石流发生前已经撤出危险区域的人，暴雨停止后不要急于返回沟内住地，应等待一段时间，防止因泥石流引发的次生灾害造成不必要的人员伤亡。

见微知著判断泥石流的发生

泥石流在发生之前，往往会出现以下前兆特征：

1. 河（沟）床中正常流水突然断流或洪水突然增大，并夹有较多的柴草、树木时，说明河（沟）上游已形成泥石流。

2. 山沟或深谷发出似火车轰鸣声音或闷雷般的声音，说明泥石流正在形成，必须迅速离开危险地段。

3. 沟谷深处突然变得昏暗，并有轻微震动感等。

4. 动物出现鸡犬不宁、老鼠搬家等异常现象。

雷雨天
如何避险？

事件回放

● 阿荣是福建省龙岩市新罗区人，是个热爱运动的阳光男孩，学习成绩优秀，已经收到了天津某所高校的录取通知书，但就在距离大学开学半个多月，他踢球的时候被雷电击中不幸身亡。

2016年8月19日下午2点多，阿荣和几个伙伴相邀一起到龙岩某中学操场踢球。时间过得很快，傍晚5点左右，天气突变，闪电夹杂着雷声，暴雨突然而至。可能是玩得太高兴，下雨也没有浇灭他们踢球的兴致，当时操场还有十几个人。突然连续两道很亮的闪电直劈下来，一道劈到对面山上，而阿荣在雷声响过之后，随即倒在了地上。

事件分析

在雷雨季节里，常会出现强烈的光和声，这就是人们常见的雷电。带有电荷的雷云与地面的突起物接近时，它们之间就发生激烈的放电。由于雷云电压高电量多，并且放电时间很短，放电电流大，因而雷击电能很大，能把附近空气加热至2000摄氏度以上。空气受热急剧膨胀，产生爆炸冲击波并以5000米/秒的速度在空气中传播，最后衰减为音波。虽然放电作用时间短，但对建筑群中高耸的建筑物及尖形物、空旷区内孤立物体以及特别潮湿的建筑物、屋顶内金属结构的建筑物及露天放置的金属设备等有很大威胁，可能引起倒塌、起火等事故。

雷电对人体的伤害，有电流的直接作用和超压或动力作用，以及高温作用。当人遭受雷电击的一瞬间，电流迅速通过人体，重者可导致心跳、呼吸停止，脑组织缺氧而死亡。另外，雷击时产生的火花，也会造成不同程度的皮肤烧灼伤。

 **事件预防**

在室内，做好7个预防

雷雨天，躲在屋里未必就安全。一些人们习以为常的行为也可能带来安全隐患。因此，待在室内也要做好以下7点预防措施：

1. 关好门窗，防止球形闪电窜入室内造成危害。

2. 不要看电视、上网，应拔掉电话线、电视天线以及音响、空调机等一切可能将雷击引入室内的电源插头。

3. 打雷时，不要靠在墙壁边、门窗边、阳台，坐在房间正中央最为安全，但不要停留在电灯正下方，以免在打雷时产生感应电而发生意外。

4. 不要靠近室内金属设备，如暖气管道、自来水管、钢柱等，以防雷电电流经它们窜入人体。因为避雷针只能保护建筑物，对从电线、电话线、金属管线等侵入的雷电无能为力。

5. 不要穿湿的衣服和拖鞋。

6. 尽量不要接听和拨打手机，固定电话也应避免在雷击时使用。如果是在有避雷针的建筑物内，有电磁屏蔽，可以在室内使用无绳电话或手机。

7. 雷雨天气时不要使用太阳能热水器或者其他淋浴设备洗澡。因为雷电有可能会沿着水流袭来。应及时关掉煤气，并时刻注意煤气是否泄漏。

在户外，注意8大禁忌

从电闪雷鸣的形成和发生过程来看，空旷场地上、建筑物顶、高大树木下、靠近河湖池沼以及潮湿地区是雷击事故多发区。如果打雷时正在室外，就要注意以下8个禁忌：

1. 闪电往往击打高大物体地区。因此，雷雨时要注意地形地貌，禁止在山顶或者高丘地带停留，不要靠近高大的树木、电线杆、烟囱、广告牌等尖耸、孤立的物体。应立即停止室外活动，尽快寻找避雷场所，可以到低洼、干燥或背风的房子或山洞里躲避。但不能进入茅棚屋、岗亭等无防雷设施的低矮建筑物里躲避。

2. 打雷时，禁止站立在空旷的田野里。如果正在空旷的地方，来不及到室内躲避，应该立即双手抱膝，双脚并拢蹲在地上，身体前屈，胸口紧贴膝盖，低头看地，因为头部最容易遭雷击。千万不要用手撑地，这样会扩大身体与地面接触的范围，增加遭雷击的危险。

3. 雷雨时，很多人都想到大树下躲雨，这样做是不对的。因为站在大树底下，当强大的雷电流通过大树流入地下向四周扩散时，会在不同的地方产生不同的电压，而人体站立的两脚之间存在的电压差会造成伤害，通常称为跨步电压伤害。如果万不得已必须在树下躲雨，必须与树干保持3米的距离。

4. 雷雨天禁止撑带金属伞柄的雨伞，穿雨衣比较安全。不要接触铁轨、电线。不能在雷雨中跑动，也不能骑自行车或摩托车。

5. 雷雨时，禁止在江边、湖里和河里游泳、划船、垂钓等，因为水的导电率很高，容易吸引雷电。

6. 打雷时，如果正在驾车，不要"弃车"躲避，应留在车内。车壳是金属的，有屏蔽作用，就算闪电击中汽车，也不会伤人，车厢是躲避雷击的理想场所。

7. 雷雨时如在户外，禁止穿凉鞋或拖鞋，最好穿橡胶底的鞋或长靴。

8. 雷雨时如在户外，身上最好别带金属物品，应该把手表、腰带，包括带金属框的眼镜摘下来，以免它们导电而被雷电击中。

拓展阅读

掌握5种雷击的急救方法

如果遭到了雷击，第一时间自救十分重要。对于触电者的急救应分秒必争。这时应该一边进行抢救，一边紧急联系120，就近送往医院治疗，但在送往医院途中，抢救工作不能中断。人人都应掌握5种现场急救方法：

1. 如果衣服着火，应该马上躺下扑灭火焰，使火焰不致烧及面部，否则伤者可能死于缺氧或烧伤。

2. 如果受雷击者已经陷入昏迷，呼吸停止，应将其就地放平，解开衣扣，立即进行复苏抢救。

3. 如果受雷击者烧伤或严重休克，应马上让其躺下或就地放平，扑灭身上的火，立即进行抢救。

4. 在将伤者送往医院的途中，要注意给其保温，若伤者出现狂躁不安、痉挛抽搐等症状时，要为伤者做头部冷敷。

5. 现场抢救中，不要随意移动伤员，若确需移动，抢救中断时间不应超过30秒。

在刚刚过去的"五一"假期，听家中的小小少年朗声诵读："少年强，则国强……少年进步则国进步，少年胜于欧洲则国胜于欧洲，少年雄于地球则国雄于地球。"我不禁微笑，孩子是国家和民族的希望。对每一个家庭来说，少年安，则家庭安；少年宁，则家庭宁。孩子的安全健康成长关系到整个社会的和谐稳定、国家的繁荣富强。

但是，与少年儿童有关的意外事故和案件屡屡发生，令人触目惊心。作为出版者，也身为人母，我能为孩子们的安全做些什么？

这是一直萦绕在我心头的问题，我们总得做点什么，不能只是等到事后愤慨声讨。大概从2011年开始，我开始关注公安部陈士渠警官的微博，那个时候，他还是公安部打击拐卖妇女儿童犯罪办公室的主任，他的新浪微博有粉丝数百万，每天有很多人在微博上@他。我相信，这些微博反映的情况得到了及时的处理，因为我也曾就地铁里发现的儿童乞讨@过他，他迅速部署调查，及时反馈了核查的结果。

后来，我在电视上关注了他，央视大型公益节目《等着我》看哭了无数观众。这个全媒体平台帮助数千人圆了自己的寻人团聚梦，它既是一档节目，同时也是一次国家力量全民范围的公益寻人活动。而陈士渠作为这个节目的特约嘉宾，以他专业的解读告诉更多的观众，要加强少年儿童安全教育，强化父母和孩子的安全意识。只有从根源上加强青少年安全防护教育，千家万户的平安幸福才更有保障。我想，若有一个人，能够以他的影响力和专业能力让更多人注意未成年人安全保护，非他莫属。

每一个孩子平安健康地成长，需要整个社会和家庭共同创造、共同维护和谐安全的环境。这也就是我们策划并出版这本书的初衷。陈士渠同志以自己多年来从事公安刑侦工作、未成年人权益保护的相关工作经验，从各类涉及少年儿童安全的案例着手，用了一年多的时间精心编写了本书，悉心指导每一位小读者从小培养安全意识，引导家庭和社会在日益复杂的社会和网络环境中，共同关注未成年人安全的方方面面，目的是保护未成年人安全健康成长。

本书从校园生活、社会生活、家庭生活、网络安全、出行安全和突发情况、自然灾害等方面入手，涵盖了未成年人成长安全的相关知识。在策划和编辑出版的过程中，书稿虽几经修订，但由于我们专业所限，难免存在疏漏，敬请各位读者提出宝贵的意见和建议。另外，本书中也涉及一些专业救护知识，谨供参考。如想进一步了解和掌握，还请咨询专业医生、学者。

穆怀黎

2018年5月2日

安全知识
我知道

亲爱的小读者，当你读完了这本书，了解或掌握了多少安全知识？

你还想知道哪些跟自己的成长密切相关的安全知识？

欢迎你写下来，并寄给我们。

在本书重印或再版时，作者陈士渠警官将会参考你的意见或者建议，进行修订，与读者互动。

我们的地址是：

北京市北三环中路六号北京出版集团少儿社5019房间。

期待你的读后感哦！

一个人在家记得做到以下几点

关好门窗

一个人在家的时候，一定要记得把门从里面锁好了，窗户也尽量锁起来，这是为了防止有外来人闯进房间而做的必要防范。尤其是女生一个人在家时，一定不要将门窗敞开。

有陌生人来访不轻易开门

如果有陌生人来敲门，应在确认身份后才能开门，或者直接隔着门把事情说清楚。坏人有可能会假扮他人的身份来取得你的信任，所以一定要提高警惕。

不要自己吓自己

有的女生一个人在家的时候会害怕，在确保门窗都已紧闭的情况下，就不要自己吓自己了。

拉上窗帘放点声音

晚上开灯后，要记得拉上窗帘，以防让人从窗外看到只有你一个人在家的情景。另外，你也可以把电视机或音响等设备打开，制造家里还有别人的假象；同时，也可以给自己壮壮胆，调节一下因为害怕而紧张的情绪。

食物中毒了
怎么办？

事件回放

● 2015年8月4日凌晨，家住某小区的孔女士一家三口，因食用隔夜冷藏的西瓜和剩饭菜险些丢掉性命，幸亏邻居及时将他们送至医院急救，才顺利脱险。

"张哥，我和女儿一直拉肚子，我丈夫已经不能动了，连说话的力气都没有，你和嫂子能过来帮帮我们吗？"当日凌晨2点左右，张先生被一阵电话铃吵醒，电话里传来楼上邻居孔女士虚弱的求助声。

张先生赶忙将妻子叫醒，然后二人跑到楼上敲开了孔女士家的门。"当时，我们看到小孔全身发抖，脸色蜡黄，额头上满是汗珠，她的丈夫躺在沙发上，女儿则趴在卫生间里哭。"张先生回忆说。

张先生和妻子见状立即启动自家车辆，将孔女士一家送往市中心的人民医院救治。

到达医院后，医生询问了孔女士一家的三餐情况。据孔女士介绍，当天早上，她把在早点摊买的、没吃完的肉包子放在了冰箱里。中午时，家里来了客人，他们就到家附近的小餐馆吃了午餐。晚上，她将冰箱里剩下的饭菜和早上的肉包子直接端上了餐桌。一家人吃过晚餐后，顺便把放在冰箱里冷藏了一天一夜的西瓜吃了。

根据孔女士的讲述以及检查结果，医生初步断定他们是因为食用了不新鲜的饭

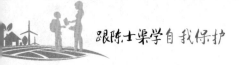

站在猫眼范围之内，一个站在猫眼范围之外。

3.不要轻易让人进家门

如果是送快递的，可以让他把东西放门口；如果来人说是检查煤气的管道工，或是水电修理工等，可以告诉他家长马上就回来了，让他先在门外等一等；如果来人说是爸爸妈妈的同事或朋友，可以与家长通电话确认一下。

只能把孩子独自留在家中，相应地他们对孩子的安全教育会更加用心，所以现在很多孩子对陌生人有一定的警惕性，但这毕竟是有限的，如果遇上像小华一样的情况，对方是自己认识的人，警惕性就会松懈，从而给犯罪分子留下可乘之机。

而从类似的事件来看，除了熟人临时起意，还有些犯罪分子伪装成送快递、查水表的人或社区、物业等的工作人员骗开房门作案。因为这些身份对于孩子来说，已经不陌生了。在一些孩子的意识里，他们就是可以信任的陌生人，当孩子看到是这样的人在敲门，可能就会放心地去开门，而意识不到危险。

事件预防

陌生人敲门究竟该怎么办？这不仅是独自在家的青少年需要注意的问题，成年女性、老人都需要格外注意。

1.核实身份

核实身份要通过对方的证件、工牌或者相关单位去核实，比如，如果对方称是物业的、社区的、煤气公司的等，不要着急开门，而是先给对方所说单位打个电话，看是否有工作人员上门服务或者调查。虽然这个核实身份的过程比较麻烦，也许需要几分钟甚至十几分钟的时间，但却能保障自己的安全。

2.开门缝的办法不可取

开门缝看对方是谁这种办法不可取。门是居民保障自己安全的一道屏障，一旦开个缝，这道屏障就打开了，如果对方真是不法分子，完全可以借机闯入家中。至于光从猫眼里看外面是什么人也不太靠谱。因为如果对方是两个人，完全可能一个